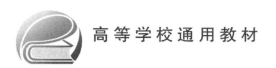

高等学校通用教材

U0204186

信息理论基础实验教程

孙 兵　陈 杰　李景文　于 泽　编著

北京航空航天大学出版社

内 容 简 介

本书围绕香农信息论中的基本概念,设计了一系列仿真实验,使学生通过开展实验加深对"信息论基础"课程的理解。全书共两部分,包含基础理论实验和综合应用实验,其中基础理论实验对应 13 个仿真实验,包括:信息论计算器、文字的信息熵、有限状态马尔科夫信源仿真、离散信道的信道容量、离散信道的组合 1——级联信道、离散信道的组合 2——并联信道、离散信道的组合 3——和信道、唯一可译码的判定、信源编码 1——香农编码、信源编码 2——费诺编码、信源编码 3——霍夫曼编码、渐进等同分割性与典型序列、极简信道编解码;综合应用实验对应 7 个实验,包括平均互信息的应用——决策树、机器学习中交叉熵的应用、马尔科夫信源的霍夫曼编码、霍夫曼编码的改进、连续信道的信道容量、最大信息熵的应用——图像阈值分割和最大熵谱估计。

本书侧重信息论基本概念及性质的验证和仿真分析,可作为高等院校电子信息类相关专业学生学习"信息论基础"课程的实验教材,也可为从事通信和信号相关的科研和工程技术人员提供参考。

图书在版编目(CIP)数据

信息理论基础实验教程 / 孙兵等编著. -- 北京:
北京航空航天大学出版社,2021.10
ISBN 978 - 7 - 5124 - 3610 - 7

Ⅰ. ①信… Ⅱ. ①孙… Ⅲ. ①信息学—实验—高等学校—教材 Ⅳ. ①G201-33

中国版本图书馆 CIP 数据核字(2021)第 199489 号

信息理论基础实验教程

孙 兵 陈 杰 李景文 于 泽 编著
策划编辑 蔡 喆 责任编辑 蔡 喆
*
北京航空航天大学出版社出版发行

北京市海淀区学院路 37 号(邮编 100191) http://www.buaapress.com.cn
发行部电话:(010)82317024 传真:(010)82328026
读者信箱:goodtextbook@126.com 邮购电话:(010)82316936
北京建筑工业印刷厂印装 各地书店经销
*
开本:787×1 092 1/16 印张:12 字数:307 千字
2022 年 2 月第 1 版 2022 年 2 月第 1 次印刷 印数:2 000 册
ISBN 978 - 7 - 5124 - 3610 - 7 定价:39.00 元

前　　言

自 1948 年美国的克劳德·艾尔伍德·香农（Claude Elwood Shannon，1916 年 4 月 30 日—2001 年 2 月 24 日）发表了著名的《通信的数学理论》一文，奠定了香农信息论的理论基础。经过数十年的发展，信息论这门研究通信的数学理论得到了持续的关注和发展，并且成为影响我们日常生活的一门极为重要的科学。鉴于信息理论的重要性，学习和掌握信息论已成为人们理解和利用现代信息技术不可逾越的重要环节。数十年来，全球各高校陆续开设信息理论课程，其中面向本科学生主要开设"信息理论基础"课程，面向研究生则侧重信息理论应用。然而，由于信息论本身是利用现代数理统计方法来研究信息的度量、编码、传输、处理、储存和应用等通信问题的一门数学理论，该课程会涉及众多复杂的抽象概念和计算公式，学生的学习热情和积极性容易受挫，与此同时，受教学学时等限制，实际教学过程中的教学效果也很大程度上会打折扣，与课程开设的预期目标有一定差距。

作者所在的教学团队自 20 世纪 80 年代至今，在北京航空航天大学电子信息工程学院本科高年级和研究生开设"信息论基础"课程，同时由周荫清教授编写的《信息理论基础》教材已修订至第 5 版。该教材注重理论的完整和系统性，很好地帮助读者学习经典的香农信息论的相关概念，先后入选北京市高等教育精品教材、普通高等教育"十一五"和"十二五"国家级规划教材，目前已作为国内外多所高校教材使用，受到广泛欢迎。该教材配套的习题集也于 2005 年出版发行。近十年的实际教学过程中，本教学团队注重将仿真实验引入到课程教学，不仅仅在教学课件中将相关性质更加直观地展示，极大地改善了课堂效果，而且鼓励并引导学生亲自动手将信息论的相关概率和方法解决相关的工程应用问题，也极大地提升了学生的学习兴趣。学习过"信息论基础"的学生深刻体会到开展信息论基础仿真研究的积极作用，甚至觉得没有开设实验课程是本课程的一大遗憾。为此，教学团队实时调整本课程的教学大纲，注重培养学生将基础理论与工程应用相结合的能力，让学生在应用的过程中理解体会信息理论基础既是一门教会学生怎么做，更是教会学生为什么、并指明研究方法的信息大类基础课程。在《信息理论基础》教材的基础上，结合教学的重点和难点知识点，提炼出一整套实验案例显得尤为迫切。

本书是《信息理论基础》教材的配套实验用书，围绕信息的统计度量、离散信源的概念和编码、离散信道的信道容量和编解码等。除了简单介绍实验准备内容外，全书设计了基础理论实验和综合应用实验两部分实验，其中有 13 个基础理论实验，分别对应教材的第 2 章信息的统计度量实验（信息论计算器）、第 3 章离散信源（文字的信息熵、有限状态马尔科夫信源仿真）、第 4 章离散信道及其容量（离散信道的信道容量、离散信道的组合 1——级联信道、离散信道的组合 2——并联信道、离散信道的组合 3——和信道）、第 5 章信源编码（唯一可译码的判定、信源编码 1——香农编码、信源编码 2——费诺编码、信源编码 3——霍夫曼编码、渐进等同分割性与典型序列)和第 6 章有噪信道编码(极简信道编解码);综合应用实验对应 7 个实验,包括平均互信息的应用——决策树、机器学习中交叉熵的应用、马尔科夫信源的霍夫曼编码、霍夫曼编码的改进、连续信道的信道容量、最大信息熵的应用——图像阈值分割以及最大熵谱估计。

本书由孙兵、陈杰、李景文、于泽编著,其中第 1 章~第 13 章由孙兵编写,第 14 章~第 16 章由陈杰编写,第 17 章~第 18 章由李景文编写,第 19 章~第 20 章由于泽编写。

本书编写过程中,北京航空航天大学 201 教研室周荫清教授提出了宝贵意见,同时 201 教研室的研究生魏怡琳等为全部实验的仿真代码整理付出了辛勤汗水,在此表示感谢。本书各实验的全套参考代码使用 MATLAB2019b 编写,可供教学参考,如有需要,请联系 goodtextbook@126.com 或 bingsun@buaa.edu.cn 索取。由于编者水平有限,加之时间仓促,书中如有错误和不妥之处,敬请各位读者斧正。

作　者

2021 年 7 月

目　　录

第一部分　基础理论实验

第二部分　综合应用实验

绪　　论

0.1　实验内容简介

信息论研究的对象"信息"本身是一个非常抽象的概念,而且香农信息论为了能够对"信息"的产生、编码、传输等进行定量分析又衍生了大量的新概念,所以在信息论教学过程中,需要学生从物理含义、数学性质等多个维度对相关概念加深理解。在理论学习的同时,开展结合应用的信息论仿真实验,可使得抽象概念具象化,更加显著地促进学生对相关概念的掌握。近年来,在信息论教学过程中也越来越重视仿真的重要性,文献[1]、[2]、[3]等利用 MATLAB、C 等语言开展仿真验证。

本实验教程设计包含两大类:基础理论实验和综合应用实验。这些实验与《信息理论基础》教材[4]的主要章节对应关系如图 0-1 所示。

基础理论实验重点围绕信息的统计度量、离散信源的概念和编码、离散信道的信道容量和编解码等,具体涉及 13 个基础理论实验,分别对应教材的第 2 章信息的统计度量实验(信息论计算器)、第 3 章离散信源(文字的信息熵、有限状态马尔科夫信源仿真)、第 4 章离散信道及其容量(离散信道的信道容量、离散信道的组合 1——级联信道、离散信道的组合 2——并联信道、离散信道的组合 3——和信道)、第 5 章信源编码(唯一可译码的判定、信源编码 1——香农编码、信源编码 2——费诺编码、信源编码 3——霍夫曼编码、渐进等同分割性与典型序列)和第 6 章有噪信道编码(极简信道编解码)。这部分实验主要是针对本科教学过程中的一系列重点性质、复杂的手工计算等通过计算机仿真和数值模拟等方式进行复现,以使学生更好地掌握基础理论知识,提高信息论的学习兴趣。

综合应用实验目前包含 7 个实验,重点将香农信息论基础的基本概念和性质进行组合和综合应用,具体包括平均互信息的应用——决策树、机器学习中交叉熵的应用、马尔科夫信源的霍夫曼编码、霍夫曼编码的改进、连续信道的信道容量、最大信息熵的应用——图像阈值分割和最大熵谱估计。开展这部分实验主要是引导学有余力的学生将所学的信息论基本知识与电子信息类专业工程应用相结合,进一步让学生体会信息论不仅仅是研究的书本上的数学公式,更是一个实用性极广的理论工具,同时在开展综合应用实验过程中,还需要考虑其他综合因素,引导学生将理论如何更好地"落地"。

当然信息论相关的实验远远不止上述所列的 20 项,在后续教学过程中将持续完善相关实验。

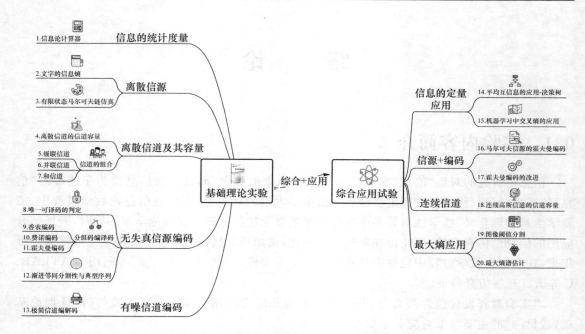

图 0-1　各实验与教材主要内容的对应关系图

0.2　实验条件介绍

0.2.1　软硬件环境

本实验教程所涉及的各项实验均可在普通计算机平台上进行,而且对计算量和存储空间等并无特殊的配置要求。此外,由于 Python、MATLAB 等常见软件和编程语言往往支持多种操作系统,因此开展相关本书相关的实验对操作系统也没有特殊要求。

对于电子信息相关专业的高年级本科生来说,绝大多数同学已经掌握至少一门高级程序设计语言,能够编程实现数据计算和分析。在上述相关实验的实施过程主要包含数据的读取、基本的数学运算、结果的显示等,虽然相关学生已经具有必要的编程基础,但各实验的重点在于对信息论相关概念的定量计算,为此 MATLAB 编程语言是开展本实验教程各种实验的首选语言。目前,本实验教程提供的各参考代码均以 MATLAB 语言进行编写,略有编程基础的同学能够很好的阅读和理解程序的含义,对于熟悉和喜欢使用 Python 或 C++等语言的同学,可以自行编写相关程序代码开展相关实验。对于已具备 MATLAB 编程语言和软件使用经验的同学,可以跳过本章的内容,直接阅读后续实验章节。

0.2.2　MATLAB 相关操作简介

0.2.2.1　基本操作

变量和关键字是包括 MATLAB 程序在内的各种程序中最基本的概念,它们是 MAT-LAB 表达式的基本构成元素。关键字可以通过 iskeyword 查询获取当前 MATLAB 版本支持的全部关键字,以 MATLAB R2019b 为例,全部关键字包括:"break""case""catch""classdef"
"continue""else""elseif""end""for""function""global""if""otherwise""parfor""persistent"
"return""spmd""switch""try"和"while"等 20 个。而变量的个数几乎没有上限。

定义变量是各种程序设计语言的最基本操作。MATLAB 变量命名遵循以下规则:

(1) 不能以关键字作为变量名;

(2) 变量名对大小写敏感;

(3) 变量名长度虽然可以任意长,但第 31 个字符之后的字符会被编译器忽略;

(4) 变量名通常只能以字母开头,后续字符可以是字母、数字、下划线的组合,不能使用其
他字符;

(5) 尽量避免使用函数名(库函数以及用户自定义的函数)作为变量名,否则在调用函数
时分不清是引用变量还是调用函数。

MATLAB 语言的变量定义较为灵活。变量可以在使用的时候随时定义,赋值语句本身
也可以对等号左侧的变量进行定义。

主要的赋值方式如下:

(1) 数值赋值。对于数值变量来说,可以直接将其赋值给 MATLAB 变量。如:

```
1  a = 1;             % double number
2  b = 2.0;           % double number
3  c = [1 2 3 ; 4 5 6 ; 7 8 9];   % 3 * 3 matrix
4  d = 1 + 1i ;       % complex variable
5  e = uint8 (10) ;   % uint8 number
```

需要注意,MATLAB 默认的数值变量类型为 double 型,即便输入为整数,通常系统自动
转换为 double,以保证足够高的数据精度。如果需要定义 double 型之外的其他数据类型,通
常需要使用特殊的函数,如 8bit 无符号整型变量 e,需要使用 uint8 函数来生成。此外矩阵是
MATLAB 变量的基本形式,即使单个数值也会被认为是 1×1 的矩阵。

(2) 表达式赋值。如果赋值语句的等号右侧是数值或其他变量表达式、其他对象等。对于数
值表达式,MATLAB 会首先完成表达式的计算,然后再将数值结果赋值给左侧变量。如果变量类
型不同,MATLAB 会自动更新左侧的变量类型,即使左侧变量类型已经使用之前指定。如:

```
1  a = -10:2:10;        % generate [-10 -8 -6 -4 -2 0 2 4 6 8 10]
2  b = sin (a * pi);    % generate [0 0 0 0 0 0 0 0 0 0 0]
3  c = 'IT';            % generate a string variable
4  c = c * 1;           % generate [73 84]
```

(3) 函数赋值。MATLAB 中定义了大量的赋值函数,主要是对变量进行初始化,这是
MATLAB 赋值较常见的一种形式。如:

```
1  a = zeros (3 , 3);      % generate  a  3 * 3 double matrix [0 0 0;0 0 0;0 0 0]
2  b = ones (3 , 3);       % generate a 3 * 3 double matrix [1 1 1;1 1 1;1 1 1]
3  c = eye (3);            % generate a 3 * 3 double matrix [1 0 0;0 1 0;0 0 1]
4  d = zeros (1000 ,1000 ,'single');   % generate a 1000 * 1000 f loat matrix with zeros
5  e = diag ([1 2 3 4]);   % generate a 4 * 4 double matrix [1 0 0 0;0 2 0 0;0 0 3 0;0 0 0 4];
```

这种赋值方式往往也用来对较大尺寸的矩阵进行内存分配,以避免在后续循环计算时反复重新申请内存,严重降低计算速度,同时也需要注意,由于默认的 double 型数据所需占用的内容较大,在调用相关赋值函数时,可以指定数据类型,以减小系统内存消耗,如上例中的变量 d 所需要的内存规模为 $1000 * 1000 * 4$ 字节,较默认状态减少 1 半。

0.2.2.2 数据读取操作

MATLAB 的数据读取操作较为便捷,最简单的一种方式时生成或读取 MATLAB 自定义的 mat 格式文件。使用 save 函数将全部或指定的变量保存成文件,文件格式默认为 mat 格式,而与之配套的时直接使用 load 函数直接加载指定文件名的文件,其中的全部变量可以重新加载到内存中,后续计算可以直接引用。当然这两个函数除支持 mat 格式文件外,还可以通过设置 ASCII 属性来生成或读取文本文件。mat 文件由于时 MATLAB 自定义的一种文件格式,MATLAB 程序能够快速处理,但是通过其他编程语言或者第三方应用程序往往难以处理。ascii 文件虽然可以直接利用文本编辑器查看和编辑,但通常会损失一定的数据精度,而且读写速度较慢,文件读取时需要重新赋值给相关变量,并不推荐使用。

MATLAB 还定义了大量的文本文件读取、生成函数,可以更加灵活地自定义各种文件格式。常用的主要函数包括:fopen、fclose、printf、fscanf、textread、textscan、fgetl、fgets、csvread、csvwrite、dlmread、dlmwrite、xlsread、xlswrite、xlmread、xlmwrite 等。

MATLAB 处理二进制数据文件和其他编程语言非常类似,主要有 fopen、fseek、fread、fwrite、feof、fclose 等几个函数便可完成。

0.2.2.3 基本数学运算

矩阵操作是 MATLAB 最基本的功能。只要变量的维度符合矩阵运算的规则,MATLAB 默认的各种计算都是矩阵运算,编程过程中几乎不用为此做任何额外的工作,这一特点为编程者、用户和读者均带来了极大的便利。这种默认的运算称之为矩阵操作,如通常的矩阵之间(或其中一个为标量)的加法、减法、乘法、除法(包含左除及右除)等。

与此同时,MATLAB 在数学和工程计算时也经常会涉及矩阵元素的逐点对应计算,这种运算对于数值计算、绘图操作等极为常见。为此,MATLAB 也重新定义了逐元素的数组操作。在矩阵操作运算符的基础上,仅仅通过增加". *"". /"". \"和". ∧"等运算符便可实现矩阵的逐元素处理。

0.2.2.4 主要显示操作

可以说科学数据显示时 MATLAB 在工程技术领域广泛应用最重要的原因。对于没有任何编程基础的初学者或读者,只需要掌握如 plot、mesh 等少数几个函数的,便可直接绘制相关数据的一维曲线和二维曲面。

本书中主要用到的绘图操作相关函数主要包括:

(1) $plot$ 函数最常用的调用形式为 $plot(x, y)$,通常 x,y 是具有相同长度的向量,绘制以 x 为横轴,y 值对应的曲线。在使用 $plot$ 函数之前,必须首先定义好曲线上每一点的 x 及 y 坐标,各坐标点之间通过特定的线连接,这些线可以设置属性,主要包括是否使用标记符号以及使用什么样的标记符号,线条的颜色、粗细等,通常它们使用一个字符串来定义,其中颜色字符可从"r"、"g"、"b"、"c"、"k"、"m"和"w"等中任选一种,表示线型的字符可从"."、".."、"——"和"—."中任选一种,标记数据点符号的字符可以从"＊"、"＋"、"o"、"p"、"d"、"s"、"x"、"h"、"∧"、"v"、"＞"和"＜"等选择其一。下例的绘图结果如图0.2所示。

```
1   x1 = - 10:0.1:10;
2   y1 = sin ( x1 * pi ) ./( x1 * pi ) ;
3
4   figure
5   subplot ( 1 , 2 , 1 ) , plot ( x1 , y1 ,'r-')
6   xlabel ('x') , ylabel ('y') , t i t l e ('sinc  function')
7
8   x2 = 0 : 10 ;
9   y2 = sin ( x2 * pi * 0. 1 ) ;
10  subplot ( 1 , 2 , 2 ) , plot ( x2 , y2 ,'m: d')
11  xlabel ('x') , ylabel ('y') , t i t l e ('sin  function')
```

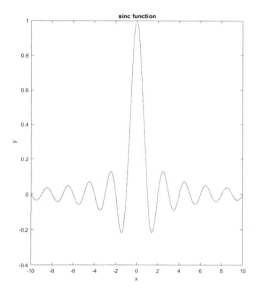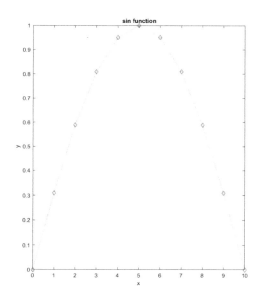

图 0-2　plot 函数实例

（2）stem 函数的基本用法与 plot 一致,区别在于 stem(Y)或 stem(X，Y)是将数据序列 Y 的数据值按照茎状形式画出(横坐标为序列编号或 X 指定的坐标),以圆圈终止。下例的绘图结果如图 0.3 所示。

```
1   x = 0 : 10 ;
2   y = sin ( x * pi * 0. 1 ) ;
3   stem ( x , y ,'k: d')
4   xlabel ('x') , ylabel ('y') , title ('sin function')
```

（3）mesh 函数时 MATLAB 中用来绘制二维矩阵的三维曲面常用函数之一,三维曲面由线条框构成。mesh(X，Y，Z)中的 X、Y、Z 均为二维数组,并且 Z 通常是 X，Y 的函数,即 Z

(X,Y)，X、Y 通常是通过调用 $meshgrid$ 函数生成的数据网格，分别对应曲面上的点的平面坐标。下例的绘图结果如图 0.4 所示。

```
1  [X, Y] = meshgrid( -8:.5:8) ;
2  R = sqrt ( X.^2 + Y.^2) + eps ;
3  Z = sin ( R ) ./ R ;
4  mesh( X , Y , Z)
5  xlabel ('x') , ylabel ('y') , zlabel ('z')
```

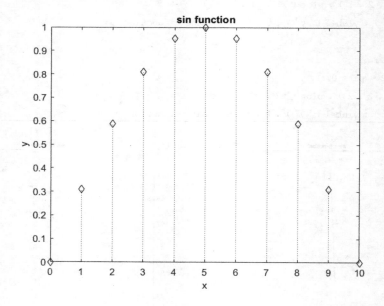

图 0-3　stem 函数实例

（4）$imshow$ 函数直接显示二维数组或图像矩阵，基本调用方式 imshow(I) 或 imshow(I，[lowhigh])，其中待显示的灰度图像矩阵 I，二元向量[low high]为指定显示的动态范围。下例的绘图结果如图 0.5 所示。

```
1  clc ; clear all ; close all ;
2
3  I = imread ('pout . t i f') ;
4  MIN = min( I ( : ) )
5  MAX = max( I ( : ) )
6  figure
7  subplot (121) , imshow ( I ) , t i t l e ('imshow( I )')
8
9  subplot (122) , imshow ( I ,[ MIN , MAX ] ) , t i t l e ('imshow( I ,MIN,MAX)')
```

（5）$imagesc$ 函数主要用于显示使用经过自动动态范围映射调整后的颜色图像。对于通常的二维矩阵来说，数值的取值范围不在[0，255]时，矩阵直接调用 image 函数时会直接显示其数值转化的颜色值，往往会损失图像细节，而 imagesc 函数则可自动将最大值映射成 255，最小值映射成 0,更全面的展示数据。下例的绘图结果如图 0.6 所示。

```
1   clc ; clear all ; close all ;
2
3   data = peaks(100) ;
4
5   figure
6   subplot (121) , image( uint8 ( data ) )
7   title ('image( data)')
8   colormap( gray)
9
10  subplot (122) , imagesc( data )
11  title ('imagesc( data)')
12  colormap( gray)
```

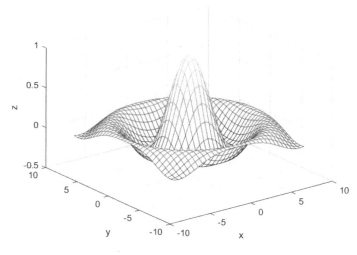

图 0.4　mesh 函数实例

图 0.5　imshow 函数实例

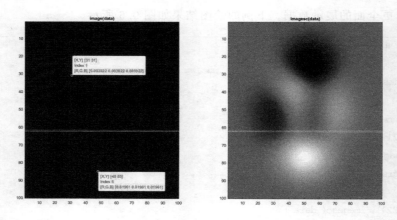

图 0.6 iamgesc 函数实例

0.2.2.5 查询操作

MATLAB 函数库极为丰富,软件功能强大,同时该软件有极其丰富和完备的帮助文档。对于没有编程基础或编程经验较少的实验人员来说,help 和 lookfor 等函数能够极大地帮助他们快速学习编写相关代码。其中 help 能够在 MATLAB 软件的 command 窗口快速显示已知函数名的具体使用说明,通常含包含调用实例。如:helpplot。lookfor 函数指令则能够帮助实验人员查找包含指定关键字的各种函数,并在此基础上可以找到较为准确的函数链接。

后续实验部分中出现的各种函数,均可以通过 help 帮助函数来获取具体的说明文档和实例。

第一部分

基础理论实验

第 1 章　信息论计算器

在信息的统计度量中涉及一系列以对数运算为基础的新概念,在实际计算过程中即便利用科学计算器,一次性得到正确计算结果往往也并非易事,如果能够基于各主要概念的基本定义设计一款信息论计算器,对于理解基本概念、验算习题答案等有积极作用。

1.1　基本原理

香农信息论中分别针对简单事件 x_i, y_j 建立了自信息量、条件自信息量、互信息量以及事件集合 X, Y 的平均自信息量(信息熵)、平均互信息量、联合熵、条件熵等大量的定量描述信息的概念。

1.1.1　信息的统计度量的基本定义

1. 自信息量

$$I(x_i) = -\log p(x_i) \tag{1.1}$$

其中 $p(x_i)$ 为事件 x_i 的发生概率。

2. 条件自信息量

$$I(x_i \mid y_j) = -\log(p(x_i \mid y_j))$$
$$I(y_j \mid x_i) = -\log(p(y_j \mid x_i)) \tag{1.2}$$

其中 $p(x_i \mid y_j)$ 为事件 x_i 在事件 y_j 给定条件下的条件概率, $p(y_j \mid x_i)$ 为事件 y_j 在事件 x_i 给定条件下的条件概率。

3. 互信息量

$$I(x_i ; y_j) = \log \frac{p(x_i, y_j)}{p(x_i) p(y_j)} = I(y_j ; x_i) \tag{1.3}$$

其中 $p(x_i, y_j)$ 为事件 x_i 和 y_j 的联合概率, $p(x_i), p(y_j)$ 分别为事件 x_i 和 y_j 的概率。

4. 平均自信息量(信息熵)

$$H(X) = -\sum_{i=1}^{q} p_i \log p_i \tag{1.4}$$

其中 q 为集合 X 中的事件数目, $p_i = p(x_i)$ 为事件 x_i 的发生概率。

5. 平均互信息量

$$I(X ; Y) = \sum_{X,Y} p(x_i, y_j) \log \frac{p(x_i, y_j)}{p(x_i) p(y_j)} = I(Y ; X) \tag{1.5}$$

其中 $p(x_i, y_j)$ 为事件 x_i 和 y_j 的联合概率, $p(x_i), p(y_j)$ 分别为事件 x_i 和 y_j 的概率。

6. 联合熵

$$H(X, Y) = -\sum_{X,Y} p(x_i, y_j) \log p(x_i, y_j) \tag{1.6}$$

其中 $p(x_i, y_j)$ 为事件 x_i 和 y_j 的联合概率,$p(x_i)$,$p(y_j)$ 分别为事件 x_i 和 y_j 的概率。

7. 条件熵

$$H(X \mid Y) = -\sum_{X,Y} p(x_i, y_j) \log p(x_i \mid y_j)$$

$$H(Y \mid X) = -\sum_{X,Y} p(x_i, y_j) \log p(y_j \mid x_i) \tag{1.7}$$

其中 $p(x_i, y_j)$ 为事件 x_i 和 y_j 的联合概率,$p(x_i \mid y_j)$ 分别为事件 x_i 在事件 y_j 给定条件下的条件概率,$p(y_j \mid x_i)$ 为事件 y_j 在事件 x_i 给定条件下的条件概率。

1.1.2 计算方法

通常已知 X 的先验概率 $p(x_i) = p_i$,$i = 1, 2, \cdots, q$ 以及前向概率矩阵的 $q \times p$ 个元素 $p(y_j \mid x_i)$,$i = 1, 2, \cdots, q$,$j = 1, 2, \cdots, p$,则可计算出上面各变量所需的关键参数,联合概率 $p(x_i, y_j) = p(x_i) p(y_j \mid x_i)$ 以及输出符号概率 $p(y_j) = \sum_X p(x_i) p(y_j \mid x_i)$。

如果定义先验概率矩阵 $P_X = [p(x_1) p(x_2) \cdots p(x_q)]$ 以及前向概率矩阵

$$P_{Y|X} = \begin{bmatrix} p(y_1 \mid x_1) & p(y_2 \mid x_1) & \cdots & p(y_p \mid x_1) \\ p(y_1 \mid x_2) & p(y_2 \mid x_2) & \cdots & p(y_p \mid x_2) \\ \vdots & \vdots & \cdots & \vdots \\ p(y_1 \mid x_q) & p(y_2 \mid x_q) & \cdots & p(y_p \mid x_q) \end{bmatrix}, \quad \text{则利用矩阵乘法可以得到如下概率}$$

矩阵。

1. 联合概率矩阵 P_{XY}

$$P_{XY} = \begin{bmatrix} p(x_1) & 0 & \cdots & 0 \\ 0 & p(x_2) & \cdots & 0 \\ \vdots & \vdots & \cdots & \vdots \\ 0 & 0 & 0 & p(x_q) \end{bmatrix} \cdot P_{Y|X} \tag{1.8}$$

$$= diag([p(x_1), p(x_2), \cdots, p(x_q)]) \cdot P_{Y|X}$$

其中 $diag([p(x_1), p(x_2), \cdots, p(x_q)])$ 表示以输入概率分布矢量构成的对角阵。

2. 输出概率矩阵 P_Y

$$P_Y = [p(x_1) p(x_2) \cdots p(x_q)] \cdot P_{Y|X} \tag{1.9}$$

$$= [p(y_1), p(y_2), \cdots, p(y_p)]$$

如果进一步定义完备的概率矢量 $P = [p_1, p_2, \cdots, p_N]$ 以及熵函数 $H(P) = H([p_1, p_2, \cdots, p_N]) = -\sum_{i=1}^{N} p_i \log p_i$,则可以得到

1. 联合熵 $H(X, Y)$

$$H(X, Y) = -\sum_{i=1}^{q} \sum_{j=1}^{p} P_{XY}(i, j) \log P_{XY}(i, j) \tag{1.10}$$

2. 条件熵 $H(Y|X)$

$$H(Y \mid X) = -\sum_{i=1}^{q} \sum_{j=1}^{p} P_{XY}(i, j) \log P_{Y|X}(i, j) \tag{1.11}$$

3. 平均互信息 $I(X;Y)$

$$I(X;Y) = H(Y) - H(Y \mid X)$$
$$= H(P_Y) + \sum_{i=1}^{q} \sum_{j=1}^{p} P_{XY}(i,j) \log P_{Y|X}(i,j) \tag{1.12}$$

4. 条件熵 $H(X|Y)$

$$H(X \mid Y) = H(X) - I(X;Y)$$
$$= H(P_X) - H(P_Y) - \sum_{i=1}^{q} \sum_{j=1}^{p} P_{XY}(i,j) \log P_{Y|X}(i,j) \tag{1.13}$$

利用 MATLAB 等编程语言可以十分方便地编制子函数,从而计算出以上信息的基本度量,同时可以将输入和输出等通过用户界面集成,从而可以得到信息论计算器。

1.2　实验说明

1.2.1　实验目的

利用 MATLAB 等编程语言完成一个信息论计算器软件,包括自信息量、条件自信息量、互信息量、平均自信息量、平均互信息量、条件熵、联合熵等统计度量的计算,从而掌握信息的统计度量定义以及计算方法。

1.2.2　实验内容

(1) 事件的信息统计度量计算方法和软件设计;
(2) 事件集合的信息统计度量计算方法和软件设计。

1.2.3　基本要求

编制或调用基本函数,能够完成信息的统计度量的计算,并集成用户界面,形成信息论计算器软件界面,据此完成实验报告。

1.2.4　实验步骤

1. 子函数设计与实现
- 根据公式(1.1)编写自信息量计算函数 self_info.m(或定义匿名函数 $self\_info = @(p) -\log 2(p+eps)$);
- 根据公式(1.3)编写互信息量计算函数 mutual_info.m(或定义匿名函数 $mutual\_info = @(pxy, px, py) -\log 2(pxy/(px*py)+eps)$);
- 根据公式(1.4)编写熵函数计算函数 H.m(或定义匿名函数 $H = @(P) sum(-P.*\log 2(P+eps))$);
- 根据公式(1.10)编写联合熵计算函数 Joint_info.m;
- 根据公式(1.11)编写条件熵计算函数 Conditional_info.m;
- 根据公式(1.12)编写平均互信息量计算函数 Mutual_info.m;

2. 软件接口设计

软件的输入主要包括：

- 简单事件 x_i 的发生概率 $p(x_i)$，前向概率 $p(y_j|x_i)$；
- 事件集合 X 的概率矢量 $P_X=[p_1, p_2, \cdots, p_q]$，前向概率矩阵的 $q \times p$ 个元素 $p(y_j|x_i)$；
- 所计算的信息量的类型标志，用于选取计算和显示具体哪一个统计量，以上两种输入通常不需要同时输入，需根据改类型标志来切换；
- 其他参数，如单位标志。

软件的输出为各计算结果。

3. 软件界面设计与集成实现

参照图 1.1 所示的界面，使用 MATLAB 的 GUIDE 工具或类似工具设计界面。在界面响应函数中调用子函数，实现不同输入条件下各信息统计量的计算。

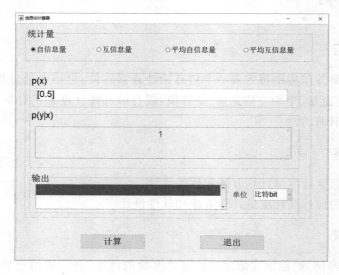

图 1.1 信息论计算器用户界面

4. 软件实例验证

利用所编制的信息论计算器，完成以下信息量的计算：

- $p(x_i)=0.5$ 时的自信息量 $I(x_i)$；
- $p(y_j|x_i)=0.8$ 时的条件自信息量 $I(y_j|x_i)$；
- $p(x_i)=0.5$ 和 $p(y_j|x_i)=0.8$ 时的互信息量 $I(y_j;x_i)$（如图 1.2 所示）；
- $P_X=[0.5,0.25,0.25]$ 时的平均自信量 $H(X)$（如图 1.3 所示）；

- $P_X=[0.5,0.25,0.25]$ 以及 $P_{Y|X}=\begin{bmatrix} 1 & 0 & 0 \\ 0.5 & 0 & 0.5 \\ 0 & 0.5 & 0.5 \end{bmatrix}$ 时的各种熵 $H(X,Y)$，$H(X|Y)$，$H(Y|X)$ 以及平均互信息 $I(X;Y)$（如图 1.4 所示）。

根据计算结果以及相互数量关系，进一步验证各计算结果的正确性。

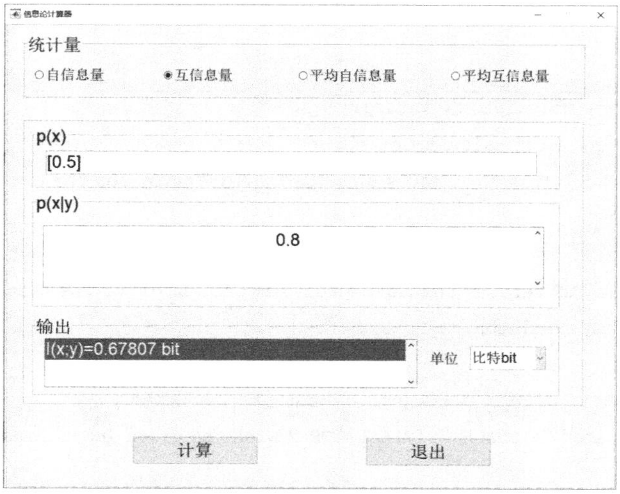

图 1.2　信息论计算器计算结果(1)

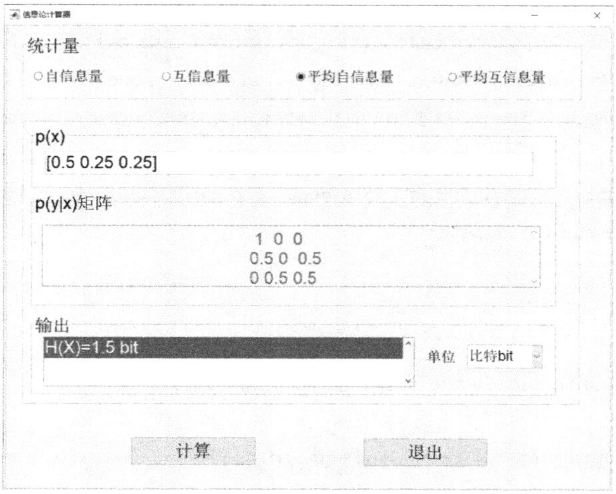

图 1.3　信息论计算器计算结果(2)

图 1.4　信息论计算器计算结果(3)

1.2.5 参考代码

```
1   function varargout = calculator ( varargin )
2   % CALCULATOR M? f i l e for calculator . f i g
3   %       CALCULATOR, by itself, creates a new CALCULATOR or raises the existing
4   %       singleton * .
5   %
6   %       H = CALCULATOR returns the handle to a new CALCULATOR or the handle to
7   %       the existing singleton * .
8   %
9   %       CALCULATOR( 'CALLBACK' , hObject , eventData , handles , . . . ) calls the local
10  %       function named CALLBACK in CALCULATOR. M with the given input arguments.
11  %
12  %       CALCULATOR( 'Property' , 'Value' , . . . ) creates a new CALCULATOR or raises the
13  %       existing singleton * . Starting from the l e f t , property value pairs are
14  %       applied to the GUI before calculator_OpeningFcn gets called . An
15  %       unrecognized property name or invalid value makes property application
16  %       stop . All inputs are passed to calculator_OpeningFcn via varargin.
17  %
18  %       * See GUI Options on GUIDE's Tools menu. Choose "GUI allows only one
19  %       instance to run ( singleton ) ".
20  %
21  % See also : GUIDE, GUIDATA, GUIHANDLES
22
23  % Edit the above text to modify the response to help calculator
24
25  % Last Modified by GUIDE v2 . 5 24-Jun-2012 08:26:34
26
27  % Begin i n i t i a l i z a t i o n code-DO NOT EDIT
28  gui_Singleton = 1 ;
29  gui_State = struct ( 'gui_Name',            mfilename , . . .
30                       'gui_Singleton',  gui_Singleton , . . .
31                       'gui_OpeningFcn', @calculator_OpeningFcn , . . .
32                       'gui_OutputFcn', @calculator_OutputFcn , . . .
33                       'gui_LayoutFcn',[ ] , . . .
34                       'gui_Callback',[ ] ) ;
35  if nargin && ischar ( varargin{1})
36      gui_State . gui_Callback = str2func ( varargin{1}) ;
37  end
38
39  if nargout
40     [ varargout {1: nargout }] = gui_mainfcn ( gui_State , varargin {:}) ;
```

```
41  else
42    gui_mainfcn ( gui_State , varargin {:}) ;
43  end
44  % End initialization code-DO NOT EDIT
45
46
47  % ——Executes just before calculator i s made visible .
48  function calculator_OpeningFcn ( hObject , eventdata , handles , varargin )
49  % This function has no output args , see OutputFcn.
50  % hObject    handle to f igure
51  % eventdata    reserved-to be defined in a future version of MATLAB
52  % handles    structure with handles and user data ( see GUIDATA)
53  % varargin    command l ine arguments to calculator ( see VARARGIN)
54
55  % Choose default command l ine output for calculator
56  handles . output = hObject ;
57
58  % Updatehandles structure
59  guidata ( hObject , handles ) ;
60
61  % UIWAIT makes calculator wait for user response ( see UIRESUME)
62  % uiwait ( handles . figure 1 ) ;
63
64
65  % ——Outputs from this function are returned to the command l ine.
66  function varargout = calculator_OutputFcn ( hObject , eventdata , handles )
67  % varargout    cell array for returning output args ( see VARARGOUT) ;
68  % hObject    handle to f igure
69  % eventdata    reserved-to be defined in a future version of MATLAB
70  % handles    structure with handles and user data ( see GUIDATA)
71
72  % Getdefault command l ine output from handles structure
73  varargout{1} = handles . output ;
74
75
76  % ——Executes on button press in pushbutton1 .
77  function pushbutton1_Callback (hObject , eventdata , handles )
78  % hObject    handle to pushbutton1 ( see GCBO)
79  % eventdata    reserved-to be defined in a future version of MATLAB
80  % handles    structure with handles and user data ( see GUIDATA)
81  close all
82
```

```
83   %——Executes on button press in pushbutton2.
84   function pushbutton2_Callback ( hObject , eventdata , handles )
85   % hObject    handle to pushbutton2 ( see GCBO)
86   % eventdata   reserved-to be defined in a future version of MATLAB
87   % handles    structure with handles and user data ( see GUIDATA)
88   unit_index = get ( handles . popupmenu1 , 'value' );
89   unit_arr1 = [ 2 exp(1) 10 ];
90   unit_arr2 = { 'bit' , 'nat' , 'hat' };
91   unit = unit_arr1 ( unit_index ) ;
92   unit2 = cell2mat ( unit_arr2 ( unit_index ) ) ;
93
94   sel = findobj ( get ( handles . uipanel4 , 'selectedobject' ) ) ;
95   switch sel
96       case handles . radiobutton1
97           p = str2num( get ( handles . edit1 , 'string' ) ) ;
98           I = - log(p) ./ log(unit);
99           str = [ ' I (x) =' num2str( I ) unit2 ] ;
100          set ( handles . listbox1 , 'string' , str ) ;
101      case handles . radiobutton4
102          px = str2num( get ( handles . edit1 , 'string' ) )
103          I1 = - log ( px (1) ) ./ log ( unit ) ;
104          pyx = str2num( get ( handles . listbox2 , 'string' ) ) ;
105          I2 = - log ( pyx (1) ) ./ log ( unit ) ;
106          str = [ ' I (x ; y) =' num2str( I1 - I2 ) unit2 ] ;
107          set ( handles . listbox1 , 'string' , str ) ;
108      case handles . radiobutton2
109          p = str2num( get ( handles . edit1 , 'string' ) ) ;
110          I = - p .* log ( p ) ./ log ( unit ) ;
111          str = [ 'H(X) =' num2str(sum( I ( : ) ) ) unit2 ] ;
112          set ( handles . listbox1 , 'string' , str ) ;
113      case handles . radiobutton3
114          px = str2num( get ( handles . edit1 , 'string' ) ) ;
115          pyx = str2num( get ( handles . listbox2 , 'string' ) ) ;
116          py = px * pyx ;
117          pxy = diag ( px ) * pyx ;
118          px = px '* ones ( 1 , size ( pyx , 2 ) ) ;
119          py = py '* ones ( 1 , size ( pyx , 1 ) ) ;
120          px = px + eps ;
121          py = py.'+ eps ;
122          pxy = pxy + eps ;
123          I = pxy .* log ( pxy ./( px .* py) )/ log ( unit ) ;
124          str = [ 'I (X;Y) =' num2str(sum( I ( : ) ) ) unit2 ] ;
```

```
125          set ( handles . listbox1 ,'string', str ) ;
126     otherwise
127  end
128
129
130  function edit1_Callback ( hObject , eventdata , handles )
131  % hObject   handle to edit1 ( see GCBO)
132  % eventdata   reserved -to be defined in a future version of MATLAB
133  % handles   structure with handles and user data   ( see GUIDATA)
134
135  % Hints : get ( hObject ,'String') returns contents of edit1 as text
136  %        str2double ( get ( hObject ,'String') ) returns contents of edit1 as a double
137
138
139  % ——Executes during object creation , after setting a l l properties .
140  function edit1_CreateFcn ( hObject , eventdata , handles )
141  % hObject   handle to edit1 ( see GCBO)
142  % eventdata   reserved-to be defined in a future version of MATLAB
143  % handles   empty-handles not created until after all CreateFcns called
144
145  % Hint : edit controls usually have a white background on Windows.
146  %        See ISPC and COMPUTER.
147  if ispc && isequal (get (hObject ,'BackgroundColor'),get (0 ,'defaultUicontrolBackgroundColor'))
148      set ( hObject ,'BackgroundColor','white') ;
149  end
150
151
152  % ——Executes on selection change in listbox 1 .
153  function listbox1_Callback ( hObject , eventdata , handles )
154  % hObject   handle to listbox 1 ( see GCBO)
155  % eventdata   reserved-to be defined in a future version of MATLAB
156  % handles   structure with handles and user data   ( see GUIDATA)
157
158  % Hints: contents = cellstr (get (hObject ,'String')) returns listbox 1 contents as cell array
159  %        contents{get ( hObject ,'Value') } returns selected item from listbox 1
160
161
162  % ——Executes during object creation , after setting all properties.
163  function listbox1_CreateFcn ( hObject , eventdata , handles )
164  % hObject      handle to listbox 1 ( see GCBO)
165  % eventdata   reserved-to be defined in a future version of MATLAB
166  % handles   empty-handles not created until after all CreateFcns called
```

```
167
168    % Hint : listbox controls usually have a white background on Windows.
169    %         See ISPC and COMPUTER.
170    if ispc && isequal(get(hObject,'BackgroundColor'),get(0,'defaultUicontrolBackgroundColor'))
171        set ( hObject , 'BackgroundColor' , 'white' ) ;
172    end
173
174
175    % ——Executes on selection change in listbox 2 .
176    function listbox2_Callback ( hObject , eventdata , handles )
177    % hObject   handle to listbox 2 ( see GCBO)
178    % eventdata   reserved-to be defined in a future version of MATLAB
179    % handles   structure with handles and user data   ( see GUIDATA)
180
181    % Hints: contents = cellstr (get (hObject,'String')) returns listbox 2 contents as cell array
182    %         contents{get ( hObject , 'Value' ) } returns selected item from listbox 2
183
184
185    % ——Executes during object creation , after setting all properties.
186    function listbox2_CreateFcn ( hObject , eventdata , handles )
187    % hObject     handle to listbox 2 ( see GCBO)
188    % eventdata     reserved-to be defined in a future version of MATLAB
189    % handles   empty-handles not created until after all CreateFcns called
190
191    % Hint : l istbox controls usually have a white background on Windows.
192    %         See ISPC and COMPUTER.
193    if ispc && isequal (get(hObject,'BackgroundColor'),get(0,'defaultUicontrolBackgroundColor'))
194        set ( hObject , 'BackgroundColor' , 'white' ) ;
195    end
196
197
198    % ————————————————————————————————————————————
199    function uipanel4_ButtonDownFcn ( hObject , eventdata , handles )
200    % hObject   handle to uipanel4 ( see GCBO)
201    % eventdata   reserved-to be defined in a future version of MATLAB
202    % handles   structure with handles and user data   ( see GUIDATA)
203
204
205
206    % ——Executes when selected object i s changed in uipanel4.
207    functionuipanel4_SelectionChangeFcn ( hObject , eventdata , handles )
208    % hObject   handle to the selected object in uipanel4
```

```
209   % eventdata structure with the following fields ( see UIBUTTONGROUP)
210   %     EventName: string'SelectionChanged'( read only )
211   %     OldValue : handle of the previously selected object or empty i f none was selected
212   %     NewValue: handle of the currently selected object
213   % handles   structure with handles and user data ( see GUIDATA)
214   sel = findobj ( get ( handles . uipanel4 ,'selectedobject') ) ;
215   switch sel
216       case handles . radiobutton1
217           set ( handles . listbox2 ,'enable','off') ;
218       case handles . radiobutton4
219           set ( handles . listbox2 ,'enable','on') ;
220           set ( handles . uipanel7 ,'t i t l e','p(x | y)') ;
221           set ( handles . listbox2 ,'string','1') ;
222
223       case handles . radiobutton2
224           set ( handles . listbox2 ,'enable','off') ;
225       case handles . radiobutton3
226           set ( handles . listbox2 ,'enable','on') ;
227           set ( handles . uipanel7 ,'t i t l e','p(y | x) -') ;
228   %           str = {{1 0},{0 1}};
229           str = num2str( eye ( 2 , 2 ) ) ;
230           set ( handles . listbox2 ,'string', str ) ;
231   %           set ( handles . listbox 2 ,'string','1 0;0 1') ;
232       otherwise
233   end
234   set ( handles . listbox1 ,'string','') ;
235
236
237   % ——Executes on selection change in popupmenu1 .
238   function popupmenu1_Callback ( hObject , eventdata , handles )
239   % hObject   handle to popupmenu1 ( see GCBO)
240   % eventdata   reserved-to be defined in a future version of MATLAB
241   % handles   structure with handles and user data ( see GUIDATA)
242
243   % Hints : contents = cellstr (get ( hObject ,'String')) returns popupmenu1 contents as cell array
244   %         contents{get ( hObject ,'Value') } returns selected item from popupmenu1
245
246
247   % ——Executes during object creation , after setting all properties .
248   function popupmenu1_CreateFcn ( hObject , eventdata , handles )
249   % hObject   handle to popupmenu1 ( see GCBO)
250   % eventdata   reserved-to be defined in a future version of MATLAB
```

```
251  % handles    empty-handles not created until after all CreateFcns called
252
253  % Hint : popupmenu controls usually have a white background on Windows.
254  %      See ISPC and COMPUTER.
255  if ispc && isequal(get(hObject,'BackgroundColor'), get(0,'defaultUicontrolBackgroundColor'))
256      set ( hObject ,'BackgroundColor','white') ;
257  end
258
259
260  % ——If Enable = = 'on', executes on mouse press in 5 pixel border.
261  % ——Otherwise , executes on mouse press in 5 pixel border or over popupmenu1.
262  function popupmenu1_ButtonDownFcn ( hObject , eventdata , handles )
263  % hObject   handle to popupmenu1 ( see GCBO)
264  % eventdata   reserved-to be defined in a future version of MATLAB
265  % handles   structure with handles and user data ( see GUIDATA)
```

第 2 章　文字的信息熵

2.1　基本原理

2.1.1　信息熵的基本定义

大约 70 年前,当人们还在黑暗中摸索数字通信概念的时候,香农说,要有熵。于是,就开启了信息时代[5]。可见"熵"的概念是香农信息论的理论基石。信息熵平均自信息量,是描述信源输出信息的平均能力。对于有限数目的离散信源 X 来说,如果信源符号的总数为 q 个,各符号 x_i 的概率为 $p_i = p(x_i)$,则其信息熵 $H(X)$ 为

$$H(X) = -\sum_{i=1}^{q} p_i \log p_i = H(p_1, p_2, \cdots, p_q) \tag{2.1}$$

同时根据信息熵的计算式(同时也是定义式),不难得到信息熵的相关性质:

(1) 对称性

当概率矢量 $P = (p_1, p_2, \cdots, p_q)$ 中的各分量的次序任意变更时,信息熵值保持不变。

(2) 非负性

$$H(X) = -\sum_{i=1}^{q} p_i \log p_i \geqslant 0 \tag{2.2}$$

等号成立的条件是上式中各项均为 0,由于 $\lim_{\epsilon \to 0} \epsilon \log \epsilon = 0$。

(3) 扩展性

$$\lim_{\epsilon \to 0} H_{q+1}(p_1, p_2, \cdots, p_q - \epsilon, \epsilon) = H(p_1, p_2, \cdots, p_q) \tag{2.3}$$

(4) 极值性

$$H(X) = -\sum_{i=1}^{q} p_i \log p_i \leqslant H\left(\frac{1}{n}, \frac{1}{n}, \cdots, \frac{1}{n}\right) = \log n \tag{2.4}$$

为了计算给定的离散信源的信息熵,首先需要计算出各消息符号的概率,再根据式(2.1)计算信息熵即可。

2.1.2　文字符号的熵

语言文字是我们日常生活接触最为密切的消息符号,大量的文献[6-8]对此进行了深入的研究,本实验通过计算英文字符和汉字的熵,进而对信息熵的计算以及性质进行分析。

通常语言文字的消息符号并不是统计独立的,严格来说难以得到各个消息符号(字符)的

概率,但是如果对极为大量的文字符号进行统计的话,根据大数定理,可以获得各文字符号的出现频度,进而可以以此近似作为各消息符号的概率。

为此便于实验操作,本实验做了以下两点假设:

(1) 不直接考虑文字符号之间的相关性,只统计各文字符号出现的总数,进而计算出该文字符号的频度,并以此作为文字符号的概率;

(2) 各种不同的标点符号以及换行符号等合并成一类分割符号。

网络上有比较多的公开中文数据集,https://www.zhihu.com/question/22956189,其中包含诗词数据集,如 https://github.com/chinese-poetry,据称最全中华古诗词数据库,唐宋两朝近 1.4 万位诗人,接近 5.5 万首唐诗和 26 万宋诗。

英文的公开数据集也有较多的公开数据集,包括:

(1) Penn Treebank,参考网址 http://www.cis.upenn.edu/treebank/home.html

(2) WSJ Corpus,参考网址 https://catalog.ldc.upenn.edu/LDC2000T43

(3) NEGRA German corpus,参考网址 http://www.coli.uni-saarland.de/projects/sfb378/negra-corpus/

(4) Tiger corpus,参考网址 http://www.ims.uni-stuttgart.de/projekte/TIGER/TIGERCorpus/

(5) alpino Treebank,参考网址 http://odur.let.rug.nl/vannoord/trees/

(6) Bultreebank,参考网址 http://www.bultreebank.org/

(7) TurinUniversity Treebank,参考网址 http://www.di.unito.it/tutreeb/

(8) prague dependency Treebank,参考网址 http://ufal.mff.cuni.cz/pdt2.0/

本实验采用的中文数据和英文数据均网络资源,为了避免同学们在读取数据方面的困难,中文方面分析了部分古代诗词、鲁迅小说全集(现代)及莫言文集(当代)等文学作品的 txt 文档,英文方面则分析了《傲慢与偏见》《安娜卡列尼娜》《巴黎圣母院》《呼啸山庄》《飘》等 12 本英文名著的 txt 文档。

2.2 实验说明

2.2.1 实验目的

通过对英文以及中文信息熵的计算,掌握熵函数的计算方法,并理解熵函数的基本性质。

2.2.2 实验内容

(1) 以典型文章为例,计算英文字符和中文的信息熵;

(2) 分析信息熵函数的主要性质。

2.2.3 基本要求

编制或调用基本分析程序,能够完成熵函数的计算,并分析熵函数的变化规律,据此完成实验报告。

2.2.4　实验步骤

（1）数据准备：下载英文和中文资料（网址：https://bhpan. buaa. edu. cn:443/link/AD39F6A7CAAF870FEAD214253E48C7FD）；

（2）程序准备：

- 根据公式（2.1）编制熵函数计算函数 H. m（或直接定义匿名函数 $H = @(p)sum(-p. * \log 2(p+eps)))$；
- 编写频次统计函数 cal_p. m（或直接调用 MATLAB 的 tabulate 函数）；
- 编写主函数，包括文件读取函数，调用函数以及计算和绘图函数等。

（3）导入英文文本，统计 26 个字符和其他符号（标点符号、数字以及非大小写英文字母之外的符号）出现的频次，并计算对应的概率；

（4）调用熵函数，计算英文字符的信息熵，如图 2.1 和图 2.2 所示，其中序号 5 对应的字母是"E"（或"e"）；

（5）将英文字符的出现频次降序排列，分别计算前 5、10、20、25、27 个字符信息熵，如图 2.3 所示；

（6）导入中文文本，统计中文字符和标点符号出现的频次，并计算对应的概率；

（7）调用熵函数，计算中文字符的信息熵，如图 2.4 和图 2.5 所示；

（8）将中文文字符的出现频次降序排列，分别计算前 140、625、2 400、3 000、4 000、5 000 个汉字（如果所出现的数目不足 5 000，则统计全部汉字）的信息熵变化规律，如图 2.6 所示；

（9）对比分析中文的熵函数与英文的熵函数数值大小以及变化规律；

（10）对比分析古诗词的熵函数和现代汉语的熵函数，如图 2.7 所示。

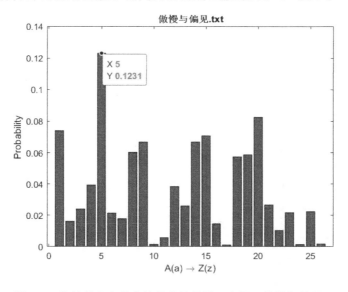

图 2.1　单篇英文名著字符频次的统计示意图（《傲慢与偏见》）

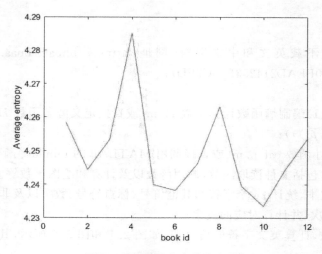

图 2.2　多篇英文名著信息熵

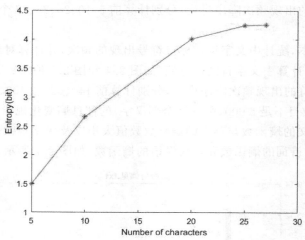

图 2.3　英文信息熵随字符数变化规律

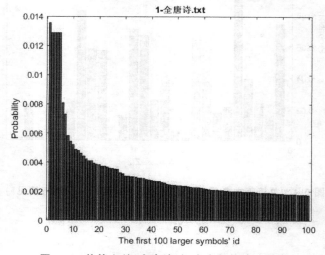

图 2.4　单篇文献(全唐诗)汉字字频的统计示意

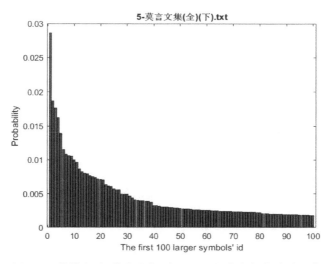

图 2.5 单篇文献(莫言文集(全)(下))汉字字频的统计示意

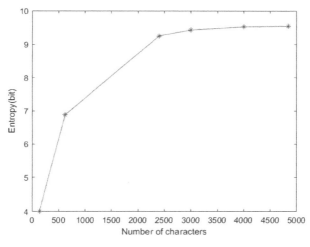

图 2.6 中文信息熵随字符数变化规律

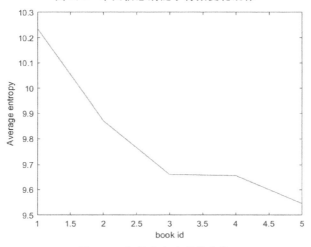

图 2.7 多篇中文文献信息熵

2.2.5　参考代码

```
1   clc
2   close all
3   clear all
4
5   H = @(p) sum( - p . * log2 ( p + eps ) ) ;
6
7   path = './ yingwenmingzhu/' ;
8   files = dir ( path ) ;
9
10  counter = 1 ;
11  for k = 1 : size ( files , 1 )
12      Aa2Zz = [];
13      if(0 = = files ( k ) . isdir )
14          filename = [path files ( k ). name]
15
16          text = fileread ( filename ) ;
17          result = tabulate ( text ( : ) ) ;
18
19          % A( a ) - > Z( z )
20          for i = 1:26
21              Aa2Zz ( i) = 0 ;
22              for j = 1: size ( result , 1 )
23                  if ( result{j,1} = = ('A' + i - 1) | | result{j,1} = = ('a' + i - 1))
24                      Aa2Zz ( i) = Aa2Zz ( i) + result{j , 2 };
25              end
26          end
27      end
28
29      % others symbols : digits , space , comma, dot and so on .
30      Aa2Zz (27) = sum( cell2mat ( result ( : , 2 ) ) )-sum( Aa2Zz ) ;
31
32      p = Aa2Zz ./sum( Aa2Zz ) ;
33          figure , bar( p ( 1 : 26 ) )
34          xlabel ('A( a ) \rightarrow Z( z)')
35          ylabel ('Probability')
36          title ( files ( k) . name )
37
38          Hk( counter ) = H( p) ;
39          counter = counter + 1;
40      end
```

```
41   end
42   figure , plot ( Hk)
43   xlabel ('book id') , ylabel ('Average entropy')
44
45   p = sort ( p ,'descend') ;
46   N =[5 , 10 , 20 , 25 , 27];
47   Hn = [];
48   for n = N
49       pn = p ( 1 : n) ;
50       Hn =[Hn H( pn)];
51   end
52   figure , plot ( N ( : ) , Hn ( : ) ,'-*')
53   xlabel ('Number of characters')
54   ylabel ('Entropy( bit )')
```

```
1    clc
2    close all
3    clear all
4
5    H = @( p) sum( -p . * log2 ( p + eps ) ) ;
6
7    path = './/' ;
8    files = dir ( path ) ;
9
10   counter = 1 ;
11   for k = 1 : size ( files , 1 )
12       bins =[];
13       text =[];
14       if(0 = = files ( k) . isdir )
15           filename = [ path files ( k) . name ]
16   %         fp = fopen ( filename ) ;
17   %         while (~ feof ( fp ) )
18   %           temp = fgets ( fp ) ;
19   %           if ( strfind (temp,'3/4') )
20   %               continue ;
21   %           else
22   %               text =[text temp];
23   %           end
24   %         end
25           text = fileread ( filename ) ;
26
27           result = tabulate ( text ( : ) ) ;
```

```
28
29          bins = cell2mat ( result ( : , 2 ) ) ;
30          [peakvalue, peakindex] = findpeaks(bins,'minpeakheight',0 . 5 * max( bins ( : ) ) ) ;
31  %         result ( peakindex , : )
32          bins ( peakindex ) = 0 ; % delete most punctuation symbols : £┐ and £
33          p = bins ./sum( bins ) ;
34          p = sort ( p ,'descend') ;
35          figure , bar( p( 1 : 100 ) )
36          xlabel ('The f i r s t 100 larger symbols'' id')
37          ylabel ('Probability')
38          title ( files ( k ) . name )
39
40          Hk( counter ) = H( p) ;
41          counter = counter + 1;
42      end
43  end
44  figure , plot ( Hk)
45  xlabel ('book id') , ylabel ('Average entropy')
46
47
48  N = [140 ,625 ,2400 ,3000 ,4000 , length ( p ) ];
49  Hn = [ ] ;
50  for n = N
51      pn = p ( 1 : n) ;
52      Hn = [ Hn H( pn) ];
53  end
54  figure , plot ( N ( : ) , Hn ( : ) ,'- *')
55  xlabel ('Number of characters')
56  ylabel ('Entropy( bit )')
```

第3章　有限状态马尔科夫链仿真

3.1　基本原理

马尔科夫信源是信息论基础中极为重要的信源之一。利用马尔科夫特性可以分析有限记忆信源的信息熵。由于大部分信源经过足够长时间，可以近似视为有限记忆长度的信源。马尔科夫信源通常是转化为有限状态马尔科夫链来分析。

3.1.1　有限状态马尔科夫链

设 X_n，$n \in N^+$ 为一随机序列，时间参数集 $N^+ = 0, 1, 2, \cdots$，其状态空间 $S = s_1, s_2, \cdots, s_j$ 有限或可数，若对所有 $n \in N^+$，有

$$\begin{aligned}
\boldsymbol{P}(X_n &= s_{i_n} \mid X_{n-1} = s_{i_{n-1}}, \ X_{n-2} = s_{i_{n-2}}, \ \cdots, \ X_1 = s_{i_1}) \\
&= P(X_n = s_{i_n} \mid X_{n-1} = s_{i_{n-1}})
\end{aligned} \tag{3.1}$$

则称 X_n，$n \in N^+$ 为马尔可夫链。

若状态空间有限，则为有限状态马尔可夫链。

若 m 时刻对应的状态为 s_i，经 $(n-m)$ 步后转移到状态 s_j，转移概率可表示为 $p_{ij}(m, n) = \boldsymbol{P}(X_n = s_j \mid X_m = s_i)$，其中 $p_{ij}(m, n) \geqslant 0$，$\sum\limits_{j \in S} p_{ij}(m, n) = 1$。

令 $k = n - m$，可得 k 步转移概率 $p_{ij}(m, m+k)$，可记成 $p_{ij}^{(k)}(m) = \boldsymbol{P}(X_{m+k} = s_j \mid X_m = s_i)$。

当 $k = 1$ 时对应基本转移概率 $p_{ij}(m) = \boldsymbol{P}(X_{m+1} = s_j \mid X_m = s_i)$。

显然一般的转移概率与当前的时刻有关，这不利于实际的分析，为此进讨论时齐有限状态马尔科夫链，转移概率不随时间发生变化，即转移概率具备"平稳"的特性。

对于时齐马尔科夫链来说，可以利用切普曼—科尔莫哥洛夫方程（C-K 方程）和基本转移概率来计算任意整数次的状态转移概率（矩阵）。即

设 $\boldsymbol{P}^{(m)}$ 是时齐马尔可夫链的 m 步转移矩阵（$m \geqslant 1$），$\boldsymbol{P} = \boldsymbol{P}^{(1)}$ 是基本转移矩阵，则 $\boldsymbol{P}^{(m)} = \boldsymbol{P} \cdot \boldsymbol{P} \cdot \boldsymbol{P} \cdots\cdots \boldsymbol{P} = \boldsymbol{P}^m$，且 $\boldsymbol{P}^{(m+r)} = \boldsymbol{P}^{(m)} \cdot \boldsymbol{P}^{(r)}$，其等效为 $\boldsymbol{P}_{ij}^{(m+k)} = \sum\limits_{k \in S} \boldsymbol{P}_{ik}^{(m)} \cdot \boldsymbol{P}_{kj}^{(r)}$，$i \in S$，$j \in S$。

据此，如果一已知初始的状态分布矢量 $\boldsymbol{P}_{S_0} = [p(s_1), \ p(s_2), \ \cdots, \ p(s_J)]$ 和基本状态转移概率矩阵 $\boldsymbol{P}$，可以计算得到任意时刻的状态分布矢量 $\boldsymbol{P}_{S_n}$。

$$\boldsymbol{P}_{S_n} = \boldsymbol{P}_{S_0} \cdot \boldsymbol{P}^n \tag{3.2}$$

3.1.2　平稳分布和稳态分布

平稳分布

若 $\boldsymbol{W} = [p_1, \ p_2, \ \cdots, \ p_J]$ 是齐次马尔可夫链的一个状态概率分布，基本转移概率矩阵为

$$P = \begin{bmatrix} p_{11} & p_{12} & \cdots & p_{1J} \\ p_{21} & p_{22} & \cdots & p_{2J} \\ \vdots & \vdots & \cdots & \vdots \\ p_{J1} & p_{J2} & \cdots & p_{JJ} \end{bmatrix}, 且满足 \boldsymbol{W} = \boldsymbol{W} \cdot \boldsymbol{P} 即$$

$$[p_1, p_2, \cdots, p_J] = [p_1, p_2, \cdots, p_J] \begin{bmatrix} p_{11} & p_{12} & \cdots & p_{1J} \\ p_{21} & p_{22} & \cdots & p_{2J} \\ \vdots & \vdots & \cdots & \vdots \\ p_{J1} & p_{J2} & \cdots & p_{JJ} \end{bmatrix} \tag{3.3}$$

则 $\boldsymbol{W} = [p_1, p_2, \cdots, p_J]$ 为该链的一个平稳分布。

根据平稳分布的定义式 $\boldsymbol{W} = \boldsymbol{W} \cdot \boldsymbol{P}$，不难发现 $\boldsymbol{W} \cdot \boldsymbol{P} = \boldsymbol{WP} \cdot \boldsymbol{P} = \boldsymbol{WP}^2 \cdot \boldsymbol{P} = \cdots = \boldsymbol{W}$，因此一旦状态分布达到平稳，便永远平稳下去。

稳态分布

当齐次马尔可夫链经过足够长的状态转移，如果最后形成的概率向量始终不变，且此时与初始状态概率向量无关，则该向量为稳态分布。即：如果齐次马尔科夫链的状态转移概率对所有 i, j 存在不依赖于 i 的极限，且

$$\lim_{n \to \infty} p_{ij}^{(n)} = p_j \tag{3.4}$$

其中 $p_j = \sum_{s_i \in S} p_i p_{ij}^{(n)}$，$p_j \geqslant 0, \sum_{s_j \in S} p_j = 1$

则由极限 p_j 构成的概率矢量 $\boldsymbol{W} = [p_1, p_2, \cdots, p_J]$ 为该链的稳态分布。

$p_j = \sum_{s_i \in S} p_i p_{ij}^{(n)}$，意味着当 n 充分大，$p_{ij}(n) \approx p_j$。

3.1.3 二者的关系

平稳分布强调的是马尔科夫链的状态不随时间（或转移次数）的变化发生变化，稳态分布强调的是其经过足够长时间状态转以后的极限状态分布。

平稳分布可能存在，也可能不存在，存在的话也可能不止一个；稳态分布的定义对应极限，极限可能存在，也可能不存在，存在的话就一定唯一。

例如：

当 $\boldsymbol{P} = \begin{bmatrix} 1 & 0 & 0 \\ 0 & 1 & 0 \\ 0 & 0 & 1 \end{bmatrix}$，对于任意分布 $\boldsymbol{W} = [p_1, p_2, p_3]$，均满足 $\boldsymbol{W} = \boldsymbol{W} \cdot \boldsymbol{P}$，则稳态分布存在

且不唯一。而 $\lim_{n \to \infty} P^{(n)} = P$，该矩阵的每一列并不相同，即"极限"的状态概率 p_j 与 i 有关，因此不存在稳态分布。

当 $\boldsymbol{P} = \begin{bmatrix} 0 & 1 & 0 \\ 0 & 0 & 1 \\ 1 & 0 & 0 \end{bmatrix}$ 时，总如何也找不到概率分布 $\boldsymbol{W} = [p_1, p_2, p_3]$ 满足 $\boldsymbol{W} = \boldsymbol{W} \cdot \boldsymbol{P}$，则稳态

分布不存在（虽然任意 $\boldsymbol{W}$ 均满足 $\boldsymbol{W} = \boldsymbol{W} \cdot \boldsymbol{P}^3$）。此时 $\lim_{n \to \infty} P^{(n)}$ 并不存在，稳态分布也不存在。

3.1.4　稳态分布的判决条件

设 P 是齐次马尔可夫链转移矩阵(全部元素非负),则该链稳态分布存在的充要条件是存在一个正整数 N,使矩阵 P^N 中所有元素均大于零。

当齐次马尔科夫链的稳态分布存在时,平稳分布必然也存在且唯一。

对于 $\boldsymbol{P}=\begin{bmatrix} 1 & 0 & 0 \\ 0 & 1 & 0 \\ 0 & 0 & 1 \end{bmatrix}$ 以及 $\boldsymbol{P}=\begin{bmatrix} 0 & 1 & 0 \\ 0 & 0 & 1 \\ 1 & 0 & 0 \end{bmatrix}$,容易验证,无论如何都找不到正整数 N,使得 P^N 的各元素为正值,因而它们对应的稳态分布都不存在(平稳分布可能存在也可能不存在)。

而对于能找到某个正整数 N 使得 P^N 的全部元素为正的齐次马尔科夫链来说,极限 $\lim\limits_{n \to \infty} P^{(n)}$ 是否一定存在? 如果存在,该矩阵的各列是否一定相等?

本次实验将通过数值仿真,回答上面的问题。

3.2　实验说明

3.2.1　实验目的

通过数值仿真方法,明确齐次马尔科夫链状态概率的变化过程,理解状态概率的平稳分布和稳态分布。

3.2.2　实验内容

(1) 设定齐次马尔科夫链的状态转移矩阵分别为 $\boldsymbol{P}=\begin{bmatrix} 1 & 0 & 0 \\ 0 & 1 & 0 \\ 0 & 0 & 1 \end{bmatrix}$ 和 $\boldsymbol{P}=\begin{bmatrix} 0 & 1 & 0 \\ 0 & 0 & 1 \\ 1 & 0 & 0 \end{bmatrix}$,绘制该链经过多次状态转移后的概率分布;

(2) 设定齐次马尔科夫链的状态转移矩阵 $\boldsymbol{P}=\begin{bmatrix} 1/2 & 1/4 & 1/4 \\ 1/3 & 0 & 2/3 \\ 2/3 & 1/3 & 0 \end{bmatrix}$,绘制 3 种初始概率分布 $P_0=[0.35,0.2,0.45]$, $P_0=[0,1,0]$, $P_0=[0,0.35,0.65]$ 条件下的分别经过多次状态转移后的概率分布;

(3) 设定齐次马尔科夫链的状态转移矩阵 $\boldsymbol{P}=\begin{bmatrix} 1 & 0 & 0 \\ 0 & 1 & 0 \\ 0 & 0 & 1 \end{bmatrix}$、$\boldsymbol{P}=\begin{bmatrix} 0.9 & 0 & 0.1 \\ 0 & 0.9 & 0.1 \\ 0.1 & 0 & 0.9 \end{bmatrix}$ 和 $\boldsymbol{P}=\begin{bmatrix} 0.999 & 0 & 0.001 \\ 0 & 0.999 & 0.001 \\ 0.001 & 0 & 0.999 \end{bmatrix}$,分别计算 P^N,$N=10,100,1\,000,10\,000$ 的结果,并绘制 $\boldsymbol{P}_0=[1/3,1/3,1/3]$ 条件下的经过多次状态转移后的概率分布。

3.2.3　基本要求

编制或调用基本函数,能够完成齐次马尔科夫链状态概率的计算,记录和显示状态概率分布随转移步数的变化,并与理论计算结果比对,据此完成实验报告。

3.2.4 实验步骤

(1)程序准备:

- 根据公式(3.3)编制齐次马尔科夫链一步状态更新函数 update_state.m;
- 编制调用主函数,主要输入包括:初始状态矩阵、状态转移概率矩阵、转移次数,主要输出包括:转移后的各次状态概率分布、N 次状态转移概率矩阵,并绘制状态转移概率变化曲线。

(2)输入齐次马尔科夫链的状态转移矩阵 $\boldsymbol{P}=\begin{bmatrix}1&0&0\\0&1&0\\0&0&1\end{bmatrix}$ 和 $\boldsymbol{P}=\begin{bmatrix}0&1&0\\0&0&1\\1&0&0\end{bmatrix}$ 以及初始状态

$P_0=[0.35,0.2,0.45]$, $P_0=[0,1,0]$, $P_0=[0,0.35,0.65]$,调用主函数计算绘制该链经过 $N=20$ 次转移后的状态概率分布(如图 3.1 和图 3.2 所示);根据概率分布规律明确平稳分布和稳态分布的存在性结论。

(3)输入齐次马尔科夫链的状态转移矩阵 $\boldsymbol{P}=\begin{bmatrix}1/2&1/4&1/4\\1/3&0&2/3\\2/3&1/3&0\end{bmatrix}$ 以及 3 种初始概率分布

$P_0=[0.35,0.2,0.45]$, $P_0=[0,1,0]$, $P_0=[0,0.35,0.65]$,调用主函数计算并绘制经过多次状态转移后的概率分布(如图 3.3 和图 3.4 所示)。根据概率分布规律明确马尔科夫链的稳态分布结论。通过理论公式计算该链的稳态分布,与数值仿真结果进行比较。

(4)分别输入齐次马尔科夫链的状态转移矩阵 $\boldsymbol{P}=\begin{bmatrix}1&0&0\\0&1&0\\0&0&1\end{bmatrix}$、$\boldsymbol{P}=\begin{bmatrix}0.9&0&0.1\\0&0.9&0.1\\0.1&0&0.9\end{bmatrix}$ 和

$\boldsymbol{P}=\begin{bmatrix}0.999&0.001&0\\0&0.999&0.001\\0.001&0&0.999\end{bmatrix}$,分别计算 $\boldsymbol{P}^N$, $N=10\ 100\ 1000\ 10000$ 的的结果,并绘制 $P_0=[1,$

$0,0]$ 条件下的经过多次状态转移后的概率分布(如图 3.5 所示)。观察状态转移的概率变化规律以及与 $\boldsymbol{P}^N$ 之间的关系。

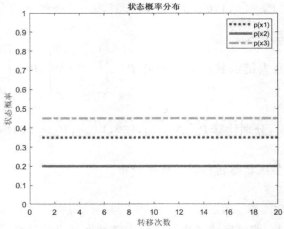

图 3.1 齐次马尔科夫链状态转移变化(1)

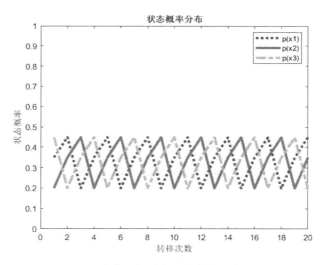

图 3.2　齐次马尔科夫链状态转移变化（2）

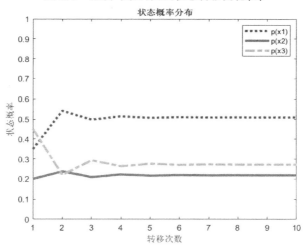

图 3.3　齐次马尔科夫链状态转移变化（3）

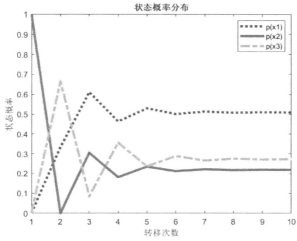

图 3.4　齐次马尔科夫链状态转移变化（4）

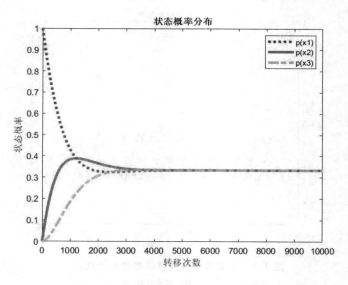

图 3.5　齐次马尔科夫链状态转移变化(5)

3.2.5　参考代码

```
1    clc
2    clear all
3    close all
4
5    N = 10000;
6    % P = [0 1 0;0 0 1;1 0 0];
7    % P = [1 0 0;0 1 0;0 0 1];
8    % P = [1 0 0;0 1 0;0 0 1];
9    P = [0.999 0.001 0;0 0.999 0.001;0.001 0 0.999];
10   % P = [1/2 1/4 1/4;1/3 0 2/3;2/3 1/3 0];
11
12   % p0 = [0.35 0.2 0.45];
13   % p0 = [0 . 1 0];
14   % p0 = [0 . 0.35 0.65];
15   % p0 = [1/3 1/3 1/3];
16   p0 = [1 0 0];
17   pn = zeros(N,3);
18   pi(1,:) = p0;
19   for n = 2:N
20       pi(n,:) = p0 * P;
21       p0 = pi(n,:);
22   end
23   n = 1:N;
24   figure, plot(n,pi(:,1),':',n,pi(:,2),n,pi(:,3),'-.','LineWidth',3)
```

```
25  xlabel ('), ylabel('  .')
26  title('  3/4')
27  legend('p(x1)','p(x)2','p(x3)')
28  % ylim ([0.1 . 6 ])
29  ylim ( [ 0 . 1])
30  % ylim ([0.1 . 6 ] )
```

第 4 章 离散信道的信道容量

4.1 基本原理

4.1.1 信道容量的定义

信道容量是表征信道最大传送信息能力的度量。离散信道的信道容量定义为信道输出 Y 与信道输入 X 的平均互信息量的最大值,即

$$C = \max_{p(x)} I(X; Y) \tag{4.1}$$

由于平均互信息量 $I(X;Y)$ 是信道输入变量 X 的概率分布 $p(x)$ 的上凸函数,则对于固定的信道(即给定信道前向传递概率 $p(y|x)$),一定能够找到至少一种信源,使得经过该信道传输每个符号获得的平均互信息量 $I(X;Y)$ 最大,此时对应的信道输入变量 X 的概率分布 $p(x)$ 称为最佳信源分布。

4.1.2 离散信道的信道容量计算方法

4.1.2.1 特殊信道的信道容量

根据信道容量的定义以及平均互信息和各种熵的关系 $I(X;Y) = H(X) - H(X|Y) = H(Y) - H(Y|X)$,可以得到两类信道的信道容量计算公式。主要包括:

1. 无损信道

信道的损失熵为零,即 $H(X|Y) = 0$,此时信道容量

$$C = \max_{p(x)} I(X; Y) = \max_{p(x)} H(X) = \log r \tag{4.2}$$

其中 r 为信道输入的符号数目。

2. 无噪信道

信道的噪声熵为零,即 $H(Y|X) = 0$,此时信道容量

$$C = \max_{p(x)} I(X; Y) = \max_{p(x)} H(Y) = \log s \tag{4.3}$$

其中 s 为信道输出的符号数目。

3. 无损确定信道

信道的损失熵和噪声熵均为零,即 $H(X|Y) = H(Y|X) = 0$,$r = s$,此时信道容量

$$C = \max_{p(x)} I(X; Y) = \max_{p(x)} H(X) = \log r \tag{4.4}$$

其中 r 为信道输入的符号数目。

4. 对称信道

对称信道的信道矩阵的各行是相同元素的不同排列,则 $H(Y|X)$ 只与矩阵的行元素有

关，此时信道容量

$$C = \max_{p(x)} I(X; Y) = \max_{p(x)} H(X) - H(P') = \log r - H(P') \tag{4.5}$$

其中 r 为信道输入的符号数目，P' 为信道矩阵的任意一行元素构成的概率矢量。

4.1.2.2　一般信道的信道容量

对于一般信道的信道容量，通常很难有简单的数学表达式来直接计算，而根据定义式（4.1）使用数值计算的方法来求解是可行的办法。此处介绍两种方法。

1. 遍历求解法

根据定义式可知，如果遍历所有的信源输入概率分布，分别计算出对应的平均互信息，再求出平均互信息的最大值，该最大值即为该信道的信道容量，同时对应的信源输入概率分布即为最佳信源分布。计算步骤如图 4.1 所示。

该方法原理和操作较为简单，但计算量较大，且计算结果精度与输入概率分布的步长（或网格）直接相关。随着输入符号的个数增加，计算量呈指数级增加。

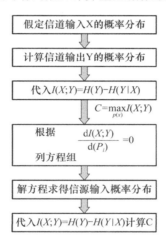

图 4.1　遍历法计算信道容量示意图

2. 迭代求解法

假设信道传递矩阵为 $p(y_j | x_i)$，记为 p_{ij}；信源分布为 $p(x_i)$，记为 p_i，后验概率为 $p(x_i | y_j)$，记为 ϕ_{ji}，$i = 1, 2, \cdots, r$；$j = 1, 2, \cdots, s$。

$$
\begin{aligned}
I(X; Y) &= H(X) - H(X | Y) \\
&= -\sum_X p(x_i) \log p(x_i) + \sum_{X,Y} p(x_i) p(y_j | x_i) \log p(x_i | y_j)
\end{aligned} \tag{4.6}
$$

因而 $I(X; Y)$ 可看作是关于 $p(x_i)$ 和 $p(x_i | y_j)$ 的函数。于是先固定变量 $p(x_i)$，求 $I[p(x_i), p(x_i | y_j)]$ 关于 $p(x_i | y_j)$ 的极值。

约束条件：$\sum_i p(x_i | y_j) = 1$，$j = 1, 2, \cdots, s$，利用拉格朗日乘子法，定义辅助函数 $F = I[p(x_i), p(x_i | y_j)] - \sum_j \lambda_j \sum_i p(x_i | y_j)$，令 $\dfrac{\partial F}{\partial_p (x_i | y_j)} = 0$，可求得使 $I[p(x_i), p(x_i | y_j)]$ 达到极值的 $p(x_i | y_j)^*$，即贝叶斯公式

$$p(x_i \mid y_j)^* = \frac{p(x_i)p(y_j \mid x_i)}{\sum_i p(x_i)p(y_j \mid x_i)}, i = 1,2,\cdots,r; j = 1,2,\cdots,s \qquad (4.7)$$

再固定变量 $p(x_i \mid y_j)$，求 $I[p(x_i), p(x_i \mid y_j)]$ 关于 $p(x_i)$ 的极值。

约束条件：$\sum_i p(x_i) = 1$，利用拉格朗日乘子法，定义辅助函数 $F = I[p(x_i), p(x_i \mid y_j)] - \lambda \sum_i \sum_j p(x_i)$，令 $\frac{\partial F}{\partial p(x_i)} = 0$，可求得使 $I[p(x_i), p(x_i \mid y_j)]$ 达到极值的 $p(x_i)^*$，即

$$p(x_i)^* = \frac{exp\left[\sum_j p(y_j \mid x_i)\ln p(x_i \mid y_j)\right]}{\sum_i \exp\left[\sum_j p(y_j \mid x_i)\ln p(x_i \mid y_j)\right]}, i = 1,2,\cdots,r \qquad (4.8)$$

进而可求得

$$C = I[p(x_i)^*, p(x_i \mid y_j)^*] = \ln \sum_i \exp\left[\sum_j p(y_j \mid x_i)\ln p(x_i \mid y_j)\right] \qquad (4.9)$$

根据上述原理，可得到迭代法计算信道容量的主要步骤如下[9]：

(1) 初始化信源分布：$P^{(0)} = [p_1, p_2, \cdots, p_r]$，设置迭代计数器 $k = 0$，设信道容量相对误差门限为 $\delta(\delta > 0)$，初始信道容量 $C^{(0)} = 0$；

(2) 求使信道传输信息量最大的后验概率

$$\phi_{ji}^{(k)} = \frac{p_{ij}p_i^{(k)}}{\sum_i p_{ij}p_i^{(k)}} \qquad (4.10)$$

(3) 求使平均互信息量最大的信源分布概率

$$p(x_i)^{(k+1)} = \frac{\exp\left[\sum_j p(y_j \mid x_i)\ln \phi_{ji}^{(k)}\right]}{\sum_i \exp\left[\sum_j p(y_j \mid x_i)\ln \phi_{ji}^{(k)}\right]}, i = 1,2,\cdots,r \qquad (4.11)$$

(4) 求当前信道传输的平均互信息量

$$C^{(k+1)} = \ln \sum_i \exp\left[\sum_j p(y_j \mid x_i)\ln \phi_{ji}^{(k)}\right] \qquad (4.12)$$

(5) 若 $\Delta C^{(k+1)} = \frac{|C^{(k+1)} - C^{(k)}|}{C^{(k+1)}} \leqslant \delta$ 则转向(g)，否则继续迭代；

(6) 更新迭代序号 $k = k+1$，转向(b)；

(7) 输出 $p_i^{(k+1)}$ 和 $C^{(k+1)}$ 的结果；

(8) 停止迭代。

4.2 实验说明

4.2.1 实验目的

通过数值仿真方法，计算离散信道的信道容量，加深对信道容量的定义理解以及平均互信息量的上凸性性质。

4.2.2 实验内容

(1) 编制平均互信息量计算函数；

（2）编制信道容量的遍历法计算程序，并对信道 $P_1 = \begin{bmatrix} 1/2 & 1/2 & 0 \\ 0 & 0 & 1 \end{bmatrix}$，$P_2 = \begin{bmatrix} 1 & 0 & 0 \\ 1 & 0 & 0 \\ 0 & 0 & 1 \\ 0 & 1 & 0 \end{bmatrix}$，

$P_3 = \begin{bmatrix} 1 & 0 & 0 \\ 0 & 0 & 1 \\ 0 & 1 & 0 \end{bmatrix}$，$P_4 = \begin{bmatrix} 1/2 & 1/3 & 1/6 \\ 1/6 & 1/2 & 1/3 \\ 1/3 & 1/6 & 1/2 \end{bmatrix}$，$P_5 = \begin{bmatrix} 1 & 0 \\ 1/2 & 1/2 \end{bmatrix}$ 的信道容量进行求解；

（3）编制信道容量的迭代法计算程序，并对信道 $P_1 = \begin{bmatrix} 1/2 & 1/2 & 0 \\ 0 & 0 & 1 \end{bmatrix}$，$P_2 = \begin{bmatrix} 1 & 0 & 0 \\ 1 & 0 & 0 \\ 0 & 0 & 1 \\ 0 & 1 & 0 \end{bmatrix}$，

$P_3 = \begin{bmatrix} 1 & 0 & 0 \\ 0 & 0 & 1 \\ 0 & 1 & 0 \end{bmatrix}$，$P_4 = \begin{bmatrix} 1/2 & 1/3 & 1/6 \\ 1/6 & 1/2 & 1/3 \\ 1/3 & 1/6 & 1/2 \end{bmatrix}$，$P_5 = \begin{bmatrix} 1 & 0 \\ 1/2 & 1/2 \end{bmatrix}$ 的信道容量进行求解。

4.2.3　基本要求

编制或调用基本函数，能够完成离散信道的信道容量数值计算，并与理论计算结果比对，据此完成实验报告。

4.2.4　实验步骤

（1）程序准备：

- 根据平均互信息量计算函数 Mutual_Info. m，函数的输入包括信道的输入概率分布和信道矩阵，输出为平均互信息量；
- 编制遍历法信道容量计算函数 Capacity_by_grid. m，将信道输入概率分布变量进行网格划分，计算对应的平均互信息，并利用平均互信息的最大值得到信道容量以及最佳信源分布。
- 编制迭代法信道容量计算函数 Capacity_by_iteration. m，设置等概的初始信道输入概率分布，直接迭代计算信道容量以及最佳信源分布。

（2）对出错概率为 ε 的二元对称信道 $P_0 = \begin{bmatrix} 1-\varepsilon & \varepsilon \\ \varepsilon & 1-\varepsilon \end{bmatrix}$，以及输入概率分布 $p_x = [p_0, 1-p_0]$ 中的两个参数 ε，$p_0 \in [0,1]$ 进行线性划分，调用平均互信息量计算函数 Mutual_Info. m，绘制平均互信息量随信道参数以及信源分布参数的变化规律（如图 4.2 所示）；根据规律理解平均互信息量的上凸特性。

（3）分别输入信道 $P_1 = \begin{bmatrix} 1/2 & 1/2 & 0 \\ 0 & 0 & 1 \end{bmatrix}$，$P_2 = \begin{bmatrix} 1 & 0 & 0 \\ 1 & 0 & 0 \\ 0 & 0 & 1 \\ 0 & 1 & 0 \end{bmatrix}$，$P_3 = \begin{bmatrix} 1 & 0 & 0 \\ 0 & 0 & 1 \\ 0 & 10 & 0 \end{bmatrix}$，$P_4 =$

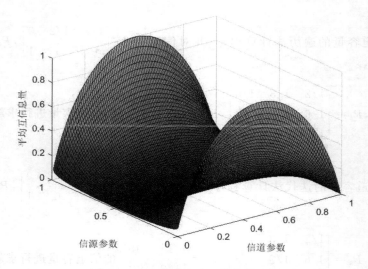

图 4.2　*BSC* 信道平均互信息量分布

$\begin{bmatrix} 1/2 & 1/3 & 1/6 \\ 1/6 & 1/2 & 1/3 \\ 1/3 & 1/6 & 1/2 \end{bmatrix}$，$P_5 = \begin{bmatrix} 1 & 0 \\ 1/2 & 1/2 \end{bmatrix}$，调用遍历法信道容量计算函数 Capac-ity_by_grid. m，将

理论计算结果与数值计算结果进行比对（信道 P_5 的搜索过程如图 4.3 所示）。

（4）分别输入信道 $P_5 = \begin{bmatrix} 1 & 0 \\ 1/2 & 1/2 \end{bmatrix}$，调用迭代法信道容量计算函数 Capaci-ty_by_itera-

tion. m，将理论计算结果与数值计算结果进行比对，并将信道容量随迭代次数输出的变化规律
曲线进行输出显示（信道 P_5 的信道容量迭代过程如图 5.4 所示）。

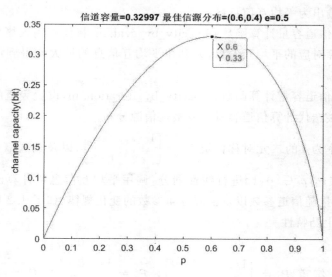

图 4.3　*Z* 信道信道容量遍历搜索

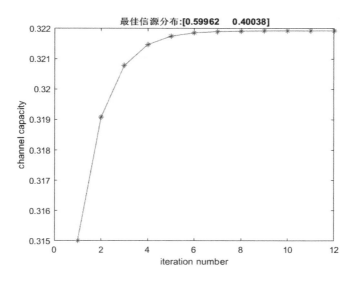

图 4.4　Z 信道信道容量迭代计算

4.2.5　参考代码

```
1   clear all
2   clc
3   close all
4
5   H = @(p)(sum( - p. * log2 (p + eps)));
6   Ixy = @(w, p)H([ w. * (1 - p) + (1 - w). * p 1 - w. * (1 - p) - (1 - w). * p ]) - H([ p,1 - p]);
7
8   w = 0.01:0.01:1;
9   p = 0.1;
10  for  i = 1:length (w)
11      X(i) = w(i);
12      Y(i) = Ixy (w(i), p);
13  end
14  figure, plot (X, Y)
15
16  p = 0.01:0.01:1;
17  w = 0.1;
18  for  i = 1:length ( p)
19      X( i) = p( i);
20      Y( i) = Ixy ( w, p( i));
21  end
22  figure, plot ( X, Y)
23
24  w = 0.01:0.01:1;
```

```
25  p = 0 . 01 : 0 . 01 : 1 ;
26  [ W , P ] = meshgrid( w , p ) ;
27  for i = 1 : length ( w )
28      for j = 1 : length ( p )
29          D ( i , j ) = Ixy ( W ( i , j ) , P ( i , j ) ) ;
30      end
31  end
32  figure , surf ( W , P , D )
33  xlabel ( native2unicode ( [ 208   197   181   192   178   206   202   253 ] ) )
34  ylabel ( native2unicode ( [ 208   197   212   180   178   206   202   253 ] ) )
35  zlabel ( native2unicode ( [ 198   189   190   249   187   165   208   197   207   162   193   191 ] ) )
```

```
1   clc
2   close all
3   clear all
4
5   H = @ ( p ) ( sum( - p . * log2 ( p + eps ) ) ) ;
6   p = 0 : 0 . 01 : 1 ;
7   e = 0 : 0 . 01 : 1 ;
8   % e = 0.2 + p * 0;
9   Ixy = zeros ( length ( e ) , length ( p ) )
10  for i = 1 : length ( e )
11      e1 = e ( i ) ;
12  %       Pyx = [ 1 - e1 e1 ; 0 . 5 0 . 5 ] ;
13  %       Pyx = [ 1 - e1 e1 ; e1 1 - e1 ] ;
14          Pyx = [ 1 0 ; e1 1 - e1 ] ;
15
16      for j = 1 : length ( p )
17          p1 = p ( j ) ;
18          p2 = 1 - p1 ;
19      py = [ p1 p2 ] * Pyx ;
20          Ixy ( i , j ) = H( py ) - ( p1 * H( Pyx ( 1 , : ) ) + p2 * H( Pyx ( 2 , : ) ) )
21      end
22  end
23  figure , surf ( e , p , Ixy' )
24  xlabel ( 'e' ) , ylabel ( 'p' ) , zlabel ( 'I ( X;Y )' )
25  title ( 'Mutual Information for Z? Channel' )
26
27  N = 50 ;
28  e = e ( 51 ) ;
29  Ixy = Ixy ( N , : ) ;
30  [ C , index ] = max( Ixy ) ;
```

```
31    figure , plot ( p , Ixy )
32    xlabel ('p') , ylabel ('channel capacity ( bit )')
33    title ( [ native2unicode ([208  197  181  192  200  221 193 191]) ' '='' num2str( C ) ...
34    native2unicode ([ 215 238 188  209  208  197  212 180 183 214 178 188]) ...
35         '= (' num2str( p( index ) )'','' num2str(1 - p( index ) )'') e ='num2str( e ) ] )
```

```
1     function [Ck , k] = Capacity_by_iteration ( P , delta , plot_flag )
2     clc
3     % clear all
4     close all
5     if ( nargin = = 0 )
6         P = [1 0 ; 0 . 5 0 . 5];
7     %     P = [0.9 0 . 1 ; 0 . 1 0 . 9];
8         delta = 1e - 6 ;
9         plot_flag = 1 ;
10    end
11
12    % H = @ (p) (sum( - p. * log2 (p + eps ) ) ) ;
13
14    [ Nx , Ny] = size (P) ;
15
16    px = ones ( 1 , Nx)/Nx ;
17    C0 = 0 ;
18    k = 0 ;
19
20    fai_k = zeros ( Nx , Ny) ;
21    C_k = [ ] ;
22    while k<100
23        for i = 1:Nx
24            for j = 1:Ny
25                fai_k ( i , j ) = ( P( i , j) . * px( i ) ) ./sum( P ( : , j) . * px ( : ) ) ;
26            end
27        end
28
29        for i = 1:Nx
30            px_k1 ( i ) = exp(sum( P ( i , : ) . * log ( eps + fai_k ( i , : ) ) ) ) ;
31        end
32        temp = px_k1 ;
33        px_k1 = px_k1 ./sum( px_k1 ( : ) ) ;
34
35        Ck = log2 (sum( temp ( : ) ) ) ;
36        if ( abs( Ck - C0 )<delta )
```

```
37          px = px_k1 ;
38          C_k = [C_k Ck] ;
39          break
40      else
41          C0 = Ck ;
42          px = px_k1 ;
43      end
44      k = k + 1;
45      C_k = [ C_k Ck] ;
46  end
47
48  % px
49  % Ck
50  % k
51  if (plot_flag = = 1)
52      figure
53      plot ( C_k ,'- *') , xlabel ('iteration number') , ylabel ('channel capacity')
54    title([native2unicode(215 238 188 209 208 197 212 180 183 214 178 188 ])':[num2str( px)'']] )
55  end
```

第 5 章　信道的组合 1——级联信道

5.1　基本原理

5.1.1　级联信道定义

将两个或多个信道首尾相连,串联使用,这种组合信道称为级联信道。最简单的级联信道由两个自信道组成,如图 5.1 所示,且 X, Y, Z 构成马尔科夫链。

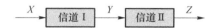

图 5.1　级联信道示意图

此级联信道的信道模型如下:

信道 I:信道输入 X 的取值 $A = a_1, a_2, \cdots, a_r$,信道输出 Y 的取值 $B = b_1, b_2, \cdots, b_r$,信道的传递概率 $p(y|x) = p(b_j|a_i)$, $i = 1, 2, \cdots, r$; $j = 1, 2, \cdots, s$。

信道 II:信道输入 Y 的取值 $B = b_1, b_2, \cdots, b_r$,信道输出 Z 的取值 $C = c_1, c_2, \cdots, c_l$,信道的传递概率 $p(z|y) = p(z_k|b_j)$, $j = 1, 2, \cdots, s$; $k = 1, 2, \cdots, l$。

则称此输入 X、输出 Z 的组合信道称为级联信道。当 X, Y, Z 构成马尔科夫链时,级联信道的信道矩阵等于两个子信道的信道矩阵乘积,即

$$P_{Z|X} = P_{Y|X} \cdot P_{Z|Y} \tag{5.1}$$

5.1.2　数据处理定理

数据处理定理是描述平均互信息量通过级联信道后的变化规律。

若随机变量 X, Y, Z 组成一阶马尔可夫链,此时 $p(z|xy) = p(z|y)$,于是有

$$I(X; Z) \leqslant I(X; Y)$$
$$I(X; Z) \leqslant I(Z; Y) \tag{5.2}$$

其中等号成立条件:$p(x|yz) = p(x|y) = p(x|z)$。根据上述定理可知:

(1) 多个串联信道传输的信息量不会大于任何一个信道的传输量;

(2) 信道只是信息传输的通道,不是信息的来源,最后获得的信息至多是信源提供的信息;

(3) 信息不增:某一过程一旦丢失信息,后续系统不管如何处理都不可能恢复已经丢失的信息;

(4) 工程中处理虽丢了信息,但保留和凸显了对信宿有用的信息,去掉干扰;虽然信息总量减小,但增强信宿的总体体验。

5.2 实验说明

5.2.1 实验目的

(1) 掌握平均互信息经过级联信道的变化规律;
(2) 计算级联信道的信道容量,并明确与各子信道的信道容量的关系。

5.2.2 实验内容

(1) 计算级联信道的信道矩阵;
(2) 计算级联信道的信道容量;
(3) 计算级联信道的平均互信息量;
(4) 以二元对称信道为例,模拟图像经过级联信道的效果。

5.2.3 基本要求

编制级联信道矩阵计算程序,并调用信道容量计算程序,能够完成离散级联信道的信道容量数值计算;输入灰度图像,计算平均互信息量,并模拟图像通过多个信道级联后的效果,据此完成实验报告。

5.2.4 实验步骤

(1) 程序准备:
- 根据公式(5.1)编制级联信道的信道矩阵计算程序;
- 编制主程序,调用信道容量计算程序、平均互信息量计算程序,能够对给定的输入信道矩阵,计算级联信道的信道容量、平均互信信息;
- 编制主程序,根据二元对称信道的出错概率,对输入图像数据进行模拟传输,并输出各子信道的数据结果。

(2) 输入子信道 $P_1 = \begin{bmatrix} 1/2 & 1/2 & 0 \\ 0 & 0 & 1 \end{bmatrix}$, $P_2 = \begin{bmatrix} 1 & 0 & 0 \\ 0 & 0 & 1 \\ 0 & 1 & 0 \end{bmatrix}$,计算级联信道的信道容量;

(3) 基于上一步的信道,输入 $P_X = [1/3, 1/3, 1/3]$ 时,调用主函数计算输入分别经过级联信道(由信道 I 及信道 II 构成)的平均互信息量数值 $I(X;Y)$, $I(X;Z)$;改变信道输入 $P_X = [1,0,0]$ 重新计算平均互信息量。

(4) 如果子信道均为二元对称信道 $P_1 = \begin{bmatrix} 0.9 & 0.1 \\ 0.1 & 0.9 \end{bmatrix}$,分别计算单个信道以及 2 级、3 级、4 级、5 级级联的信道的信道容量;

(5) 输入图像,模拟图像经过单个信道以及 2 级、3 级、4 级、5 级等级联信道的输出图像效果。输入图像及各信道输出结果如图 5.2~5.7 所示。

图 5.2　输入图像

图 5.3　信道 Ⅰ 输出图像

图 5.4　信道 Ⅱ 输出图像

图 5.5　信道Ⅲ输出图像

图 5.6　信道Ⅳ输出图像

图 5.7　信道Ⅴ输出图像

5.2.5　参考代码

```
1   % ===================== channel_simulation .m =====================
2   clc
3   close all
4   clear all
5
6   data = imread ('changcheng','jpg');
7   data0 = data ;
8   figure (1) , imshow ( data )
9
10  for  i = 1:5
11  data = double ( data ) ;
12  r = rand( size ( data ) ) ;
13      th = 0 . 1 ;
14
15  Y = uint8 (( r>th). * data + (r<th). * (256 - data ) ) ;
16  figure (2 * i + 1) , imshow ( Y)
17  data = Y ;
18  imwrite ( Y , ['5 -',  num2str( i + 2)  '.jpg']) ;
19
20  imwrite ( Y - data0 , ['E_'  num2str(2 * i + 2)  '.jpg']) ;
21  end
```

第 6 章 信道的组合 2——并联信道

6.1 基本原理

6.1.1 并联信道定义

将多个信道按照如图 6.1 所示的方式组合起来同时传递信息,并且每个信道的输出仅与该信道的当前输入有关,这种组合信道称为独立并联信道。

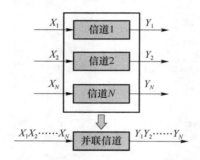

图 6.1 独立并联信道示意图

对于一般的并联信道而言,各子信道的输入和输出可能取自不同的符号集,即信道 i 的输入 $X_i \in A_i = \{a_{1i}, a_{2i}, \cdots, a_{ri}\}$,输出 $Y_i \in B_i = \{b_{1i}, b_{2i}, \cdots, b_{si}\}$,则信道矩阵的行数为 $R = r_1 \times r_2 \times \cdots \times r_N$,列数为 $S = s_1 \times s_2 \times \cdots \times s_N$,信道矩阵可表示为

$$\mathbf{\Pi} = \begin{bmatrix} \pi_{11} & \pi_{12} & \cdots & \pi_{1S} \\ \pi_{21} & \pi_{22} & \cdots & \pi_{2S} \\ \vdots & \vdots & \cdots & \vdots \\ \pi_{R1} & \pi_{R1} & \cdots & \pi_{RS} \end{bmatrix} \qquad (6.1)$$

其中 $\pi_{kh} = p(\beta_h | \alpha_k)$,$\alpha_k$ 是输入 N 维序列 $X_1 X_2 \cdots X_N$ 的各位依次从各自集合中遍历的全部集合元素的第 k 个元素,β_h 是输入 N 维序列 $Y_1 Y_2 \cdots Y_N$ 的各位依次从各自集合中遍历的全部集合元素的第 h 个元素。

当各信道独立时,$\pi_{kh} = p(\beta_h | \alpha_k)$,$p(\beta_h | \alpha_k)$ 可根据

$$p(y_1 y_2 \cdots y_N \mid x_1 x_2 \cdots x_N) = \prod_{i=1}^{N} p(y_i \mid x_i) \qquad (6.2)$$

求得。

当并联信道的输入和输出取自相同的符号集,即 $X_i \in A = \{a_1, a_2, \cdots, a_r\}$,$Y_i \in B = \{b_1, b_2, \cdots, b_s\}$,则该并联信道矩阵的维度为 $R \times S = r^N \times s^N$。

6.1.2 信道容量

独立并联信道的平均互信息量与各子信道的平均互信息量满足下列关系

$$I(X;Y) = I(X_1 X_2 \cdots X_N;Y_1 Y_2 \cdots Y_N) \leqslant \sum_{i=1}^{N} I(X_i;Y_i) \tag{6.3}$$

当独立并联信道的信道容量也可以表示为各子信道的信道容量之和,即

$$C = \sum_{i=1}^{N} C_i \tag{6.4}$$

如果根据各子信道的信道矩阵计算得到独立并联信道的信道矩阵,也可以根据信道矩阵直接计算其信道容量。

6.2　实验说明

6.2.1　实验目的

（1）掌握独立并联信道的矩阵生成方法;

（2）计算独立并联信道的信道容量,并明确与各子信道的信道容量的关系。

6.2.2　实验内容

（1）计算独立并联信道的信道矩阵;

（2）计算独立并联信道的信道容量;

（3）独立并联信道由两个子信道 $\boldsymbol{P}_1 = \begin{bmatrix} 2/3 & 1/3 \\ 1/3 & 2/3 \end{bmatrix}$, $\boldsymbol{P}_2 = \begin{bmatrix} 1/3 & 1/6 & 1/3 & 1/6 \\ 1/6 & 1/3 & 1/6 & 1/3 \end{bmatrix}$ 构成,信源经过该独立并联信道的平均互信息量;

（4）以 8 个二元对称子信道为例,模拟图像经过串并转换,再经过独立并联信道传输,最终再并串解码还原的过程与效果。

6.2.3　基本要求

编制并联信道矩阵计算程序,并调用信道容量计算程序,能够完成离散并联信道的信道容量数值计算;输入灰度图像,模拟图像通过并联信道后传输的效果,据此完成实验报告。

6.2.4　实验步骤

（1）程序准备:

- 根据公式(6.1)和(6.2)编制独立并联信道的信道矩阵计算程序;
- 编制主程序,调用信道容量计算程序、平均互信息量计算程序,能够对给定的输入信道矩阵,计算独立并联信道的信道容量、平均互信信息;
- 编制主程序,根据二元对称信道的出错概率,对输入图像数据进行串并转换、信道传输、并串解码等处理,并输出数据结果。

（2）输入子信道 $\boldsymbol{P}_1 = \begin{bmatrix} 2/3 & 1/3 \\ 1/3 & 2/3 \end{bmatrix}$, $\boldsymbol{P}_2 = \begin{bmatrix} 1/3 & 1/6 & 1/3 & 1/6 \\ 1/6 & 1/3 & 1/6 & 1/3 \end{bmatrix}$,计算各子信道以及独立并联信道的信道容量;

（3）基于上一步的信道,输入等概时,调用主函数计算输入经过信道 1、信道 2 以及并联信

道的平均互信息量数值 $I(X_1; Y_1)$，$I(X_2; Y_2)$，$I(X_1 X_2; Y_1 Y_2)$；

（4）如果 8 个子信道均为二元对称信道 $P_1 = \begin{bmatrix} 0.9 & 0.1 \\ 0.1 & 0.9 \end{bmatrix}$，它们形成独立并联信道，各子信道分别传输灰度图像（changcheng.jpg）的每一个像素的 8 比特，即模拟图像数据经过串并转换、信道传输、并串解码，绘制传输前后图像。第 1—8 个子信道的输出图像如图 6.2 所示，以及合成后的图像如图 6.3 所示。

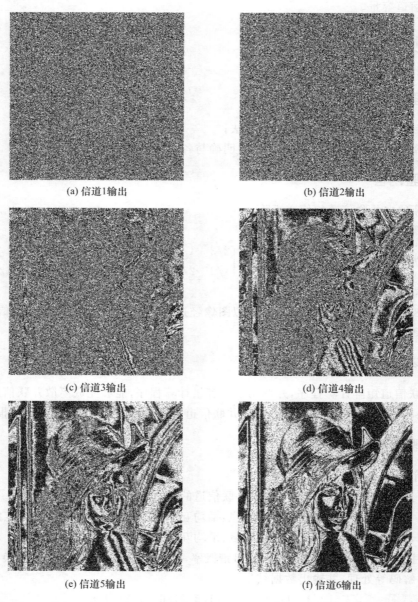

图 6.2　图像通过独立并联信道传输示意图

(g) 信道7输出   (h) 信道8输出

图 6.2   图像通过独立并联信道传输示意图(续)

(a) 合成图像   (b) 误差图像

图 6.3   独立并联信道合成结果

6.2.5   参考代码

```
1   % =================== channel_binglian.m ===================
2   clc
3   close all
4   clear all
5
6   data = imread('lena.jpg');
7
8   data0 = data;
9   figure(1), imagesc(data), colormap(gray)
10
11  dataout = zeros(size(data0));
12  for  i=1:8
13      data_i = bitget(data, i);
14      data_i = double(data_i);
15      r = rand(size(data_i));
```

```
16      th = 0. 1 ;
17
18      Y = ( r>th) . * data_i + (r<th). * (1 - data_i ) ;
19       % f igure (2 * i + 1 ) , imagesc( data_i) , colormap( gray)
20      figure(2 * i + 2), imagesc(Y), colormap(gray), title(['Output of No.'num2str(i)'channel'])
21
22       % data = Y;
23      imwrite ( Y , ['6 -',   num2str( i + 1)   '. jpg'] ) ;
24
25       % imwrite (Y-data0 , ['E_'   num2str(2 * i + 2)   '. jpg'] ) ;
26      if ( i>3)
27          dataout = dataout + 2^(i - 1) * Y ;
28      end
29
30  end
31
32  figure , imagesc( dataout ) , colormap( gray)
33  imwrite ( uint8 ( dataout ) , ['6 -',   num2str(10)   '. jpg'] ) ;
34
35  figure , imagesc( dataout-double ( data0 ) ) , colormap( gray)
36  imwrite ( uint8 ( dataout-double ( data0 ) ) , ['6 -',   num2str(11)   '. jpg'] ) ;
```

第 7 章 信道的组合 3——和信道

7.1 基本原理

7.1.1 和信道定义

将多个信道组合后,要传输的消息按照一定的概率在某一时刻只能使用其中一个信道,并将对应信道的输出作为当前时刻总信道的输出,这种组合信道称为和信道。如图 7.1 所示,信道的输入相当于经过了一个选择切换开关,在任意时刻都只能经过一个信道传输信息,同时输出端要切换到所选择的信道输出。

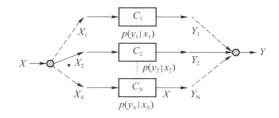

图 7.1 和信道示意图

设和信道有 N 个子信道,各个子信道的信道矩阵分别为 P_1,P_2,$\cdots$,P_N,则和信道的信道矩阵是由 P_1,P_2,$\cdots$,P_N 组成的分块对角矩阵,即

$$\boldsymbol{P} = \begin{bmatrix} P_1 & O & \cdots & O \\ O & P_2 & \cdots & O \\ \vdots & \vdots & \cdots & \vdots \\ O & O & \cdots & P_N \end{bmatrix} \tag{7.1}$$

其中 O 表示全零分块阵,维度与给定的 P_1,P_2,$\cdots$,P_N 的位置有关。

根据和信道的定义以及信道矩阵可知,各子信道的输入和输出集合不重叠。各子信道的输入集合的并集构成了和信道的输入集合,各子信道的输出集合的并集构成了和信道的输出集合。

7.1.2 信道容量

如果各子信道 P_1,P_2,$\cdots$,P_N 以及和信道 P 的信道容量分别记为 C_1,C_2,$\cdots$,C_N 以及 C,则它们之间存在如下关系:

$$2^C = 2^{C_1} + 2^{C_2} + \cdots + 2^{C_N} \tag{7.2}$$

则可根据各子信道的信道容量来计算出和信道的信道容量 C。

$$C = \log_2(2^{C_1} + 2^{C_2} + \cdots + 2^{C_N}) \tag{7.3}$$

很显然,子信道较为简单,信道容量计算也比较容易获得。

和信道的最佳信源分布与各子信道的最佳信源分布 P_{X_i},$i=1,2,\cdots,N$ 以及子信道的利用率有关 η_i,$i=1,2,\cdots,N$。

$$\eta_i=\frac{2^{C_i}}{2^C} \tag{7.4}$$

和信道的最佳信源分布为

$$P_X=\begin{cases} \eta_1 P_{X_1} & X\in X_1 \\ \eta_2 P_{X_2} & X\in X_2 \\ \vdots & \vdots \\ \eta_N P_{X_N} & X\in X_N \end{cases} \tag{7.5}$$

式 7.5 表明,达到和信道信道容量时,各子信道的输入也应为最佳信源分布,但考虑到各子信道的利用率,因为总信道的最佳信源分布需要在子信道最佳信源分布的基础上乘以当前信道的利用率。

7.2 实验说明

7.2.1 实验目的

(1)掌握和联信道的矩阵生成方法;
(2)计算和信道的信道容量,并明确与各子信道的信道容量的关系。

7.2.2 实验内容

和信道由两个子信道 $P_1=\begin{bmatrix}0.9&0.1\\0.1&0.9\end{bmatrix}$,$P_2=\begin{bmatrix}0.99&0.01\\0.01&0.99\end{bmatrix}$ 构成。

(1)计算和信道的信道矩阵;
(2)计算和信道的信道容量;
(3)模拟灰度图像的高低各 4 位经过和信道传输的效果。

7.2.3 基本要求

编制和信道矩阵计算程序,并调用信道容量计算程序,能够完成和信道的信道容量数值计算;输入灰度图像,模拟图像通过合信道后传输的效果,据此完成实验报告。

7.2.4 实验步骤

(1)程序准备:
- 根据公式(7.1)编制和信道的信道矩阵计算程序;
- 编制主程序,调用信道容量计算程序,能够对给定的输入信道矩阵,计算和信道的信道容量;
- 编制主程序,根据二元对称信道的出错概率,对输入图像数据进行高低位划分、信道选择和传输等处理,并输出数据结果。

（2）输入子信道 $P_1 = \begin{bmatrix} 0.9 & 0.1 \\ 0.1 & 0.9 \end{bmatrix}$，$P_2 = \begin{bmatrix} 0.99 & 0.01 \\ 0.01 & 0.99 \end{bmatrix}$，计算各子信道的信道容量；

（3）调用和信道矩阵生成程序，生成和信道的信道矩阵，并调用和信道的信道容量程序，计算得到和信道的信道容量；验证和信道与各子信道的信道容量关系是否满足公式（7.2）；

（4）载入 lena.jpg 图像，如果像素值大于 127 则选用信道 P_1，否则选用信道 P_2 传输，输出图像如图 7.2 所示；

（5）载入 lena.jpg 图像，如果像素值大于 127 则选用信道 P_2，否则选用信道 P_1 传输，输出图像如图 7.3 所示；

（6）比较上面两个结果存在差异，并分析原因。

(a) 和信道Ⅰ输出图像   (b) 误差图像

图 7.2 和信道 1 合成结果

(a) 和信道Ⅱ输出图像   (b) 误差图像

图 7.3 和信道 2 合成结果

7.2.5 参考代码

```
1  % ===================== channel_he .m =====================
2  clc
3  close all
4  clear all
5
```

```
6    data = imread ('lena . jpg') ;
7
8    data0 = double ( data ) ;
9    f igure (1) , imagesc( data ) , colormap( gray)
10
11   r = rand( size ( data0 ) ) ;
12   th1 = 0.1 ;
13   data1 = ( r>th1 ) . * data0 + (r<th1 ). * (1 - data0 ) ;
14
15   r = rand( size ( data0 ) ) ;
16   th2 = 0 . 01 ;
17   Y1 = ( r>th1 ) . * data1 + (r<th1 ). * (1 - data1 ) ;
18
19   figure , imagesc( Y1 ) , colormap( gray)
20   imwrite ( uint8 ( Y1 ) , ['7 - 2. jpg'] ) ;
21   figure , imagesc( Y1-double ( data0 ) ) , colormap( gray)
22   imwrite ( uint8 ( abs( Y1-data0 ) ) , ['7-3. jpg'] ) ;
23
24   r = rand( size ( data0 ) ) ;
25   th1 = 0 . 01 ;
26   data1 = ( r>th1 ) . * data0 + (r<th1 ). * (1-data0 ) ;
27
28   r = rand( size ( data0 ) ) ;
29   th2 = 0 . 1 ;
30   Y2 = ( r>th1 ) . * data1 + (r<th1 ). * (1-data1 ) ;
31
32   figure, imagesc( Y2 ) , colormap( gray)
33   imwrite ( uint8 ( Y2 ) , ['7-4. jpg'] ) ;
34   figure, imagesc( Y2-double ( data0 ) ) , colormap( gray)
35   imwrite ( uint8 ( abs( Y2-data0 ) ) , ['7-5. jpg'] ) ;
```

第8章 唯一可译码的判定

8.1 基本原理

唯一可译码是指在译码过程中能够确定出唯一结果的编码结果,即如果一个分组码对于任意有限的整数 N,其 N 次扩展码均为非奇异码。显然,唯一可译码是正确译码的充要条件。但根据定义来确定唯一可译码几乎不可能,随着 N 的增加,有可能发现扩展码组中有相同的码字,进而能够判断当前码组不是唯一可译码,但永远不可能判断是唯一可译码。

虽然利用编码树能够准确的判断码字集合是即时码(同时也是唯一可译码),但该方法并不能对唯一可译码中的非即时码进行有效的判决。

以下方法是一种有效的判决方法。

首先按照如下规则构造一系列新的码字集合,在此基础上判断原始码字集合是否为唯一可译码。

(1)由原始码字集合 S_0,按照如下规则构造集合 S_1,S_2,…:

- S_1 的构造:若 $w_i \in S_0$,$w_j \in S_0$,且 $w_i = w_j A$,则后缀 A 放入 S_1 中,S_1 由所有这样的 A 构成。

- $S_n(n>1)$ 的构造:将 S_0 和 S_{n-1} 进行比较:

若 $W \in S_0$,$U \in S_{n-1}$,且 $W = UA$,则 A 放入 S_n 中;若 $W' \in S_{n-1}$,$U' \in S_0$,且 $W' = U'A'$,则 A' 放入 S_n 中。S_n 由所有这样的 A 和 A' 构成。

(2)码集合 S_0 是唯一可译码的充要条件是 S_1,S_2,…中没有一个含有 S_0 的元素,即如果 S_1,S_2,…中包含任何一个 S_0 的元素,则原始码字集合 S_0 不是唯一可译码;反之,则为唯一可译码。

通常经过不多的几步,便可完成从 S_0 构造集合 S_1,S_2,…。因此该方法操作较为简便实用。

8.2 实验说明

8.2.1 实验目的

(1)掌握唯一可译码的判决方法;
(2)理解 N 次扩展码的唯一解译。

8.2.2 实验内容

(1)编制唯一可译码的判决程序;

（2）模拟 N 次扩展码的唯一解译过程。

8.2.3　基本要求

编制唯一可译码的判决程序,分别针对唯一可译码以及非唯一可译码的多次扩展序列进行解译,并完成实验报告。

8.2.4　实验步骤

（1）程序准备:

- 根据 8.1 的方法编制唯一可译码判决程序;
- 编制译码程序,能够对给定码组的多次扩展序列进行译码。

（2）输入码组 $C1=\{a,c,abb,bad,deb,bbcde\}$,调用译码判决程序,给出判决结果,如图 8.1 所示;

```
>> [result,S] = weiyikeyi({'a','c','abb','bad','deb','bbcde'});
S0: a c abb bad deb bbcde
S1: bb
S2: cde
S3: de
S4: b
S5: ad bcde
S6: d
S7: eb
The origin code is Uniquely Decodable Code.
```

图 8.1　码组 C1 的判决过程与结果

（3）输入码组 $C1=\{a,c,abb,bad,deb,bbcde\}$,随机生成 $N=10$ 次扩展码,调用译码程序,给出译码结果;

（4）输入码组 $C2=\{a,c,ad,abb,bad,deb,bbcde\}$,调用译码判决程序,给出判决结果,如图 8.2 所示;

（5）输入码组 $C2=\{a,c,ad,abb,bad,deb,bbcde\}$,随机生成 $N=10$ 次扩展码,调用译码程序,给出译码结果。

```
>> [result,S] = weiyikeyi({'a','c','ad','abb','bad','deb','bbcde'});
S0: a c ad abb bad deb bbcde
S1: d bb
S2: eb cde
S3: de
S4: b
S5: ad bcde
S6: d
S7: eb
The origin code is NOT Uniquely Decodable Code.
```

图 8.2　码组 C2 的判决过程与结果

8.2.5　参考代码

```
1    function [ result , S ] = weiyikeyi ( S0 )
2    % clc
3    close all
4    % clear all
5    if (nargin = = 0)
6        S0 = {'a','c','abb','bad','deb','bbcde'};
7    %    S0 = {'a','c','ad','abb','bad','deb','bbcde'};
8    end
9    code = S0 ;
10   N = length ( S0 ) ;
11
12   S1 = {};
13   for i = 1:N - 1
14       wi = S0{i};
15       for j = i + 1:N
16           wj = S0{j};
17
18           if ( length ( wi)>length ( wj) )
19               if ( strfind ( wi , wj) = = 1 )
20                   S1 = [S1 wi( length ( wj) + 1 : end) ] ;
21               end
22           else
23               if ( strfind ( wj , wi) = = 1 )
24                   S1 = [S1 wj( length ( wi) + 1 : end) ] ;
25               end
26           end
27       end
28   end
29   % S1
30
31   S = {S0 ; S1 };
32
33   for k = 3:10
34       Sk = {};
35
36       S0 = S(1) ;
37       S1 = S( k - 1);
38       S0 = S0 {1};
39       S1 = S1 {1};
40       N = size ( S0 , 2 ) ;
```

```
41        M = size ( S1 , 2 ) ;
42
43   counter = 1 ;
44       for i = 1:N
45            wi = S0{ i };
46            for j = 1:M
47              wj = S1{ j };
48             if ( length ( wi) > length ( wj) )
49                 pos = strfind ( wi , wj) ;
50                 if ( ~ isempty( pos ) )
51                    if ( pos (1) = = 1)
52                       Sk{counter} = wi( length ( wj) + 1 : end) ;
53                       counter = counter + 1;
54                    end
55                 end
56             else
57                 pos = strfind ( wj , wi) ;
58                 if ( ~ isempty( pos ) )
59                    if ( pos (1) = = 1)
60                       Sk{counter} = wj( length ( wi) + 1 : end) ;
61                       counter = counter + 1;
62                    end
63                 end
64             end
65            end
66       end
67
68       if ( isempty( Sk) )
69           break ;
70       end
71       S{k} = Sk ;
72   %    k
73   end
74   % S{:}
75
76   result = 1 ;
77   S0 = S(1) ;
78   S0 = S0 {1};
79
80   N = size ( S0 , 2 ) ;
81   for  i = 1:  N
82       wi = S0{i};
```

```matlab
83          for kk = 2: size ( S , 1 )
84              Sk = S( kk ) ;
85              Sk = Sk{1};
86                  for j = 1: size ( Sk , 2 )
87                  wj = Sk{j };
88                  if ( strcmp( wi , wj) )
89                      result = 0;
90                      break ;
91                  end
92              end
93          end
94  end
95
96  % displayeach set
97  linestrk = [ ] ;
98  for i = 1 : size ( S , 1 )
99          Sk = S{i };
100         linestrk = [ linestrk 'S' num2str( i - 1 )' :'] ;
101         for j = 1: size ( Sk , 2 )
102             linestrk = [ linestrk '' Sk{j } ] ;
103             end
104         linestrk = [ linestrk '\n'] ;
105  end
106  if ( result = = 1)
107    linestrk = [ linestrk 'The origin code i s Uniquely Decodable Code. \n'] ;
108  else
109    linestrk = [ linestrk 'The origin code i s NOT Uniquely Decodable Code. \n'] ;
110  end
111  fprintf ( linestrk )
```

```matlab
1   % % N times expanding from S0
2   function S = kuozhanma(S0,N)
3   if (nargin = = 0)
4       S0 = {'a','c','abb','bad','deb','bbcde'};
5       N = 20 ;
6   end
7
8   S = {};
9   maxindex = size(S0,2);
10  for i = 1:N
11      index = randi([1,maxindex]);
12      S(i) = S0(index);
13  end
14  S = cell2mat(S);
```

```
1    function[Sout,flag] = yima(Sin,S0)
2    % Decode the input string Sin according to the code S0
3    % Sout is the decode result
4    % flag = 0 decode with error;
5    % flag = 1 decode correct;
6    % flag>1 may be non-uniquely decodable.
7    if(nargin == 0)
8        clc
9        S0 = {'a','c','abb','bad','deb','bbcde'}; % Uniquely Decodable Code
10   %     S0 = {'a','c','ad','abb','bad','deb','bbcde'}; % Non-Uniquely Decodable Code
11     Sin = kuozhanma(S0,10);
12   %     Sin = 'abadbaddebbbcdebbcdedebbadbbcdebad';
13   %     Sin = 'debcbadabbcdedebdebabbaabb';
14   end
15
16   result = weiyikeyi(S0);
17   if(result == 0)
18       fprintf('The decode result may be not only one! ');
19   end
20
21   N0 = size(S0,2); % number of source
22   N = length(Sin);
23
24   % K consecutive correct decodes are considered correct.
25   K = 4; % K should not be too small,K = 3~5 is suggested.
26   % % construct K-times expand set SK from S0
27   P = {};
28   counter = 0;
29   for counter = 1:N0 ^K
30       % calculate kth bit in K base
31
32       K0 = counter - 1;
33       AllBits = [];
34       for k = K:-1:1
35           temp = floor(K0/(N0^(k-1)));
36           K0 = K0 - temp * N0^(k-1);
37           AllBits = [AllBits temp];
38       end
39       P{counter,1} = AllBits;
40   end
41
42   SK = { };
```

```
43    counter = 0;
44    for ii = 1:size(P,1)
45          temp = '';
46          for jj = 1:size(P,2)
47                temp = [temp S0{1 + P{ii,jj}}];
48          end
49          counter = counter + 1;
50          SK{counter,1} = temp;
51          SK{counter,2} = P{ii,1} + 1;
52    end
53
54    Nend = length(S0{end});
55    Sin = [Sin repmat(S0{end},1,K)]; % add K characters in the end of Sin
56
57    Sout = {};
58    % % compare K times expand string from the beginning
59    counter_k = 0;
60    pos_k = 1;
61    while pos_k <= N
62        flag = 0;
63
64        result_k = {}; % record K consecutive correct decode result.
65        for k = 1:size(SK,1)
66              % find K consecutive correct decodes
67                sk = SK{k,1};
68                Sin(pos_k:end);
69                nk = length(sk);
70
71                if(pos_k + nk - 1 > N + Nend * 3)
72                    continue;
73                else
74                    if(strcmp(Sin(pos_k + (0:nk - 1)),sk))
75                        flag = flag + 1;
76                        result_k{flag,1} = SK{k,1};
77                        result_k{flag,2} = SK{k,2};
78                    end
79                end
80        end
81
82        % If there is only one K consecutive correct decode, move forward.
83        if(flag == 1)
84                counter_k = counter_k + 1;
```

```
85              Sout{counter_k} = S0{result_k{1,2}(1)};
86              pos_k = pos_k + length(S0{result_k{1,2}(1)});
87      end
88
89      % If there are more than one K consecutive correct decode,
90      % give warning information and move forward.
91      if(flag>1)
92              fprintf('It may be non? uniquely decodablefrom the % d bit\n',pos_k);
93              fprintf('The rest string is " % s".\n',Sin(pos_k:end − 3 * Nend));
94              result_k
95              counter_k = counter_k + 1;
96              Sout{counter_k} = S0{result_k{1,2}(1)};
97              pos_k = pos_k + length(S0{result_k{1,2}(1)});
98  %               break;
99      end
100
101     % If all the strings in SK set are not same to the current string, it
102     % will give error information.
103     if(flag = = 0)
104         fprintf('Decode error from % d bit\n',pos_k);
105         fprintf('The rest string is " % s".\n',Sin(pos_k:end − 3 * Nend));
106         fprintf('Please double check according to S0 and Sin:')
107         Sin(pos_k:end − 3 * Nend)    % check the result
108         S0  % check by hand
109         break;
110     end
111 end
```

第 9 章　信源编码 1——香农编码

9.1　基本原理

9.1.1　香农第一定理

香农第一定理即变长无失真信源编码定理。

设离散无记忆信源为

$$\begin{bmatrix} S \\ P \end{bmatrix} = \begin{bmatrix} s_1 & s_2 & \cdots & s_q \\ p(s_1) & p(s_2) & \cdots & p(s_q) \end{bmatrix}$$

其信源熵为 $H(S)$。它的 N 次无记忆扩展信源为

$$\begin{bmatrix} S^N \\ P \end{bmatrix} = \begin{bmatrix} \alpha_1 & \alpha_2 & \cdots & \alpha_q \\ p(\alpha_1) & p(\alpha_2) & \cdots & p(\alpha_q) \end{bmatrix}$$

其信源熵为 $H(S^N) = NH(S)$。对扩展信源 S^N 进行编码,总可以找到一种编码方法构成唯一可以吗,使信源 S 中的每个信源符号所需的码字平均长度满足

$$\frac{H(S)}{\log r} + \frac{1}{N} > \frac{\overline{L_N}}{N} \geqslant \frac{H(S)}{\log r} \tag{9.1}$$

其中,$\overline{L_N}$ 是无记忆 N 次扩展信源 S^N 中每个信源符号的 α_i 所对应的平均码长。

$$\overline{L_N} = \sum_{i=1}^{q^N} p(\alpha_i)\lambda_i \tag{9.2}$$

其中,λ_i 是 α_i 所对应的码度长度。

编码效率定义为

$$\eta = \frac{H_r(S)}{L_N} \tag{9.3}$$

当 $N \to \infty$,有

$$\lim_{N \to \infty} \frac{\overline{L_N}}{N} = \frac{H(S)}{\log r} \tag{9.4}$$

根据香农第一定理的证明过程可知,当且仅当信源的各消息符号的概率正好都满足正整数

$$l_i = \frac{-\log p(\alpha_i)}{\log r} \tag{9.5}$$

此时以 l_i 作为当前码字长度,可使得式(9.1)中的等号成立。

9.1.2　香农编码方法

根据香农第一定义中码长下界的等号成立条件可得到香农编码实现方法,其实现步骤如图 9.1 所示,即:

（1）将信源发出的 N 个消息符号概率递减排序；

$$p(s_1) \geqslant p(s_2) \geqslant \cdots \geqslant p(s_q) \tag{9.6}$$

（2）确定各消息符号二进制码长 l_i；

$$-\log p(s_i) \leqslant l_i < -\log p(s_i) + 1 \tag{9.7}$$

（3）计算第 i 个消息符号的累加概率；

$$P_i = \sum_{k=1}^{i-1} p(s_i) \tag{9.8}$$

（4）将累加概率 P_i 变换成二进制数；

（5）取小数点后前 l_i 位数作为消息 s_i 的代码组。

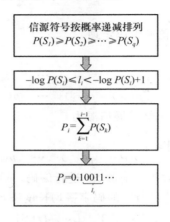

图 9.1　香农编码步骤

上述步骤中,概率符号的递减排列、累加概率生成以及小数转二进制表示均可调用 MAT-LAB 的相关函数快速实现。

9.2　实验说明

9.2.1　实验目的

（1）掌握香农编码的实现方法；
（2）计算香农编码的平均码长和编码效率。

9.2.2　实验内容

（1）编制香农编码实现函数；
（2）根据香农编码结果计算平均码长和编码效率；
（3）调用上述函数,形成香农编码软件界面,并基于此开展实验。

9.2.3　基本要求

编制香农编码实现和性能指标计算程序,并集成形成软件界面,针对不同的输入开展实验,并完成实验报告。

9.2.4　实验步骤

（1）程序准备：

- 根据 N 次扩展信源的概率场模型，编制 N 次扩展信源的概率分布计算程序；
- 根据 9.1.2 的实现步骤，编制香农编码程序；
- 根据公式（9.2）和（9.3）编制平均码长和编码效率的子函数；
- 编制 GUI 界面（如图所 9.2 所示），调用上述函数，实现香农编码实现的软件集成。

图 9.2　香农编码软件界面

（2）输入简单信源 $\begin{bmatrix} S_1 \\ P \end{bmatrix} = \begin{bmatrix} s_0 & s_1 & s_2 & s_3 & s_4 & s_5 & s_6 \\ 0.20 & 0.19 & 0.18 & 0.17 & 0.15 & 0.10 & 0.01 \end{bmatrix}$，完成香农编码以及性能指标计算；

图 9.3　香农编码结果 1

71

（3）输入简单信源 $\begin{bmatrix} S_2 \\ P \end{bmatrix} = \begin{bmatrix} s_0 & s_1 & s_2 & s_3 & s_4 \\ 0.5 & 0.25 & 0.125 & 0.0625 & 0.0625 \end{bmatrix}$，完成香农编码以及性能指标计算；

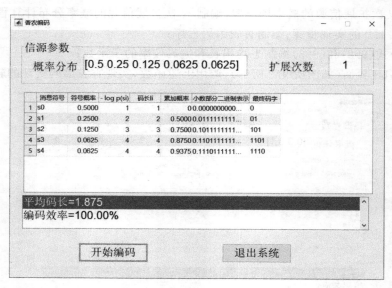

图 9.4　香农编码结果 2

（4）输入简单信源 $\begin{bmatrix} S_3 \\ P \end{bmatrix} = \begin{bmatrix} s_0 & s_1 \\ 0.9 & 0.1 \end{bmatrix}$ 以及扩展次数 $N=2,3,4,5,10$，完成香农编码以及性能指标计算，并绘制编码效率与扩展次数的变化曲线。

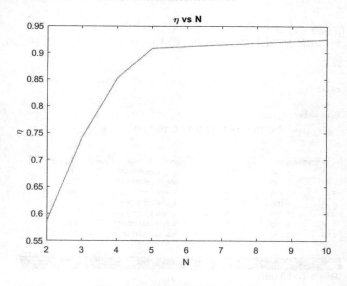

图 9.5　香农编码效率变化曲线

9.2.5 参考代码

```
1   function [P , Sn] = S_N_times ( px , N)
2   % This function is used to generate N times extended soure S^N
3   % input : px, the distribution of the source S
4   %        N, the extended times
5   % output : Sn, the distribution of the extended source
6   if ( nargin = = 0)
7       px = [0.9, 0.1];
8       N = 3 ;
9   end
10  if ( abs(sum( px) − 1)>eps )
11      warning ('The input distribution of the source is not full set . ') ;
12      px = [px 1 − sum( px)] ;
13  end
14  q = length ( px) ;
15
16  P = zeros ( 1 , q^N) ;
17  Sn = cell ( 1 , q^N) ;
18  for i = 1:q^N
19      n = dec2r ( i − 1,q , N) ;
20      id = ( double ( n) − 47) ;
21      P( i) = prod( px( id) ) ;
22      for k = 1:N
23          Sn{i} = [Sn{i}'s'n( k)];
24      end
25  end
26
27  function str = dec2r ( dec , r , N)
28  % This function is used to convert decmical number to r based string , and
29  % the bitwidth is N.
30  % Input : dec , i s the decmical number
31  %        r , the base
32  %        N, bitwidth
33  % Output : str , the converted string .
34  str = [];
35  while dec~ = 0
36      rem = mod ( dec , r) ;
37      dec = f loor ( dec/r) ;
38      str = [num2str(rem) str];
39  end
40  for i = (length ( str ) + 1): N
```

```
41      str = ['0' str] ;
42  end
```

```
1   function varargout = xiangnong ( varargin )
2   % XIANGNONG MATLAB code for xiangnong . fig
3   %       XIANGNONG, by i t s e l f , creates a new XIANGNONG or raises the existing
4   %       singleton * .
5   %
6   %       H = XIANGNONG returns the handle to a new XIANGNONG or the handle to
7   %       the existing singleton * .
8   %
9   %       XIANGNONG( 'CALLBACK', hObject , eventData , handles , . . . ) calls the local
10  %       function named CALLBACK in XIANGNONG. M with the given input arguments .
11  %
12  %       XIANGNONG( 'Property' , 'Value' , . . . ) creates a new XIANGNONG or raises the
13  %       existing singleton * . Starting from the l e f t , property value pairs are
14  %       applied to the GUI before xiangnong_OpeningFcn gets called . An
15  %       unrecognized property name or invalid value makes property application
16  %       stop .    All inputs are passed to xiangnong_OpeningFcn via varargin .
17  %
18  %       * See GUI Options on GUIDE's Tools menu. Choose "GUI allows only one
19  %       instance to run ( singleton ) ".
20  %
21  % See also : GUIDE, GUIDATA, GUIHANDLES
22
23  % Edit the above text to modify the response to help xiangnong
24
25  % Last Modified by GUIDE v2 . 5 22 - Jul - 2020 14:38:22
26
27  % Begin initialization code-DO NOT EDIT
28  gui_Singleton = 1 ;
29  gui_State = struct ('gui_Name',      mfilename , . . .
30                      'gui_Singleton',     gui_Singleton , . . .
31                      'gui_OpeningFcn',  @xiangnong_OpeningFcn , . . .
32                      'gui_OutputFcn',  @xiangnong_OutputFcn , . . .
33                      'gui_LayoutFcn',  [ ] , . . .
34                      'gui_Callback',  [ ] ) ;
35  if nargin && ischar ( varargin{1})
36    gui_State . gui_Callback = str2func ( varargin{1}) ;
37  end
38
39  if nargout
```

```
40        [varargout {1: nargout }] = gui_mainfcn ( gui_State , varargin {:}) ;
41    else
42        gui_mainfcn ( gui_State , varargin {:}) ;
43    end
44    % End initialization'code-DO NOT EDIT
45
46
47    % ——Executes just before xiangnong is made visible.
48    function xiangnong_OpeningFcn ( hObject , eventdata , handles , varargin )
49    % This function has no output args , see OutputFcn.
50    % hObject   handle to f igure
51    % eventdata   reserved-to be defined in a future version of MATLAB
52    % handles   structure with handles and user data ( see GUIDATA)
53    % varargin   command l ine arguments to xiangnong ( see VARARGIN)
54
55    % Choose default command l ine output for xiangnong
56    handles . output = hObject ;
57
58    % Updatehandles structure
59    guidata ( hObject , handles ) ;
60
61    % UIWAIT makes xiangnong wait for user response ( see UIRESUME)
62    % uiwait ( handles . figure 1 ) ;
63
64
65    % ——Outputs from this function are returned to the command l ine .
66    function varargout = xiangnong_OutputFcn ( hObject , eventdata , handles )
67    % varargout cell array for returning output args ( see VARARGOUT) ;
68    % hObject   handle to f igure
69    % eventdata   reserved-to be defined in a future version of MATLAB
70    % handles   structure with handles and user data (see GUIDATA)
71
72    % Getdefault command l ine output from handles structure
73    varargout{1} = handles . output ;
74
75
76    % ——Executes on selection change in listbox 1 .
77    function listbox1_Callback ( hObject , eventdata , handles )
78    % hObject   handle to listbox 1 ( see GCBO)
79    % eventdata   reserved-to be defined in a future version of MATLAB
80    % handles   structure with handles and user data ( see GUIDATA)
81
```

```
82   % Hints: contents = cellstr(get(hObject,'String'))returns listbox 1 contents as cell array
83   %      contents{get ( hObject ,'Value') } returns selected item from listbox 1
84
85
86   % ——Executes during object creation , after setting a l l properties.
87   function listbox1_CreateFcn ( hObject , eventdata , handles )
88   % hObject      handle to listbox 1 ( see GCBO)
89   % eventdata   reserved-to be defined in a future version of MATLAB
90   % handles   empty-handles not created until after all CreateFcns called
91
92   % Hint : l istbox controls usually have a white background on Windows.
93   %       See ISPC and COMPUTER.
94   if ispc && isequal(get(hObject,'BackgroundColor'),get(0,'defaultUicontrolBackgroundColor'))
95       set ( hObject ,'BackgroundColor','white') ;
96   end
97
98
99
100  function edit1_Callback ( hObject , eventdata , handles )
101  % hObject   handle to edit1 ( see GCBO)
102  % eventdata   reserved-to be defined in a future version of MATLAB
103  % handles   structure with handles and user data  ( see GUIDATA)
104
105  % Hints : get ( hObject ,'String') returns contents of edit1 as text
106  %       str2double ( get ( hObject ,'String') ) returns contents of edit1 as a double
107
108
109  % ——Executes during object creation , after setting all properties .
110  function edit1_CreateFcn ( hObject , eventdata , handles )
111  % hObject   handle to edit1 ( see GCBO)
112  % eventdata   reserved-to be defined in a future version of MATLAB
113  % handles   empty-handles not created until after all CreateFcns called
114
115  % Hint : edit controls usually have a white background on Windows.
116  %       See ISPC and COMPUTER.
117  if ispc && isequal(get(hObject,'BackgroundColor'),get(0,'defaultUicontrolBackgroundColor'))
118    set ( hObject ,'BackgroundColor','white') ;
119  end
120
121
122  function edit2_Callback ( hObject , eventdata , handles )
123  % hObjecthandle to edit2 ( see GCBO)
```

```
124    % eventdata    reserved-to be defined in a future version of MATLAB
125    % handles    structure with handles and user data   ( see GUIDATA)
126
127    % Hints : get ( hObject , 'String' ) returns contents of edit2 as text
128    %         str2double ( get ( hObject , 'String' ) ) returns contents of edit2 as a double
129
130
131    % ——Executes during object creation , after setting a l l properties .
132    function edit2_CreateFcn ( hObject , eventdata , handles )
133    % hObject    handle to edit2 ( see GCBO)
134    % eventdata    reserved-to be defined in a future version of MATLAB
135    % handles    empty-handles not created until after all CreateFcns called
136
137    % Hint : edit controls usually have a white background on Windows.
138    %        See ISPC and COMPUTER.
139    if ispc && isequal(get(hObject,'BackgroundColor'),get(0,'defaultUicontrolBackgroundColor'))
140        set ( hObject , 'BackgroundColor' , 'white' ) ;
141    end
142
143
144    % ——Executes on button press in pushbutton1.
145    function pushbutton1_Callback ( hObject , eventdata , handles )
146    % hObject    handle to pushbutton1 ( see GCBO)
147    % eventdata    reserved-to be defined in a future version of MATLAB
148    % handles    structure with handles and user data ( see GUIDATA)
149    clc
150    px = eval ( get ( handles . edit1 , 'String' ) ) ;
151    N = str2double ( get ( handles . edit2 , 'String' ) ) ;
152
153    [ P0 , Sn0 ] = S_N_times ( px , N ) ;
154    [ P , I ] = sort ( P0 , 'descend' ) ;
155    Sn = Sn0 ( I ) ; 156
156
157    n = size ( P , 2 ) ;
158    % Sn = cell ( 1 , q^N ) ;
159    tabledata = cell ( n , 7 ) ;
160    cump = 0 ;
161    for i = 1:n
162        tabledata{i ,1} = Sn{i} ;
163        tabledata{i ,2} = P( i ) ;
164        tabledata{i ,3} = - log2 ( P( i ) ) ;
165        li = ceil( - log2 ( P( i ) ) ) ;
```

77

```
166    tabledata{i ,4} = li ;
167    if ( i>1)
168        cump = sum( P ( 1 : ( i−1))) ;
169    end
170    tabledata{i ,5} = cump ;
171
172    bin = Mydec2bin ( cump , 10 )
173    tabledata{i ,6} = ['0 . 'num2str( bin ,'%1d')'. . .'] ;
174
175    bin = Mydec2bin ( cump , li)
176    tabledata{i ,7} = num2str( bin ,'%1d') ;
177 end
178 set ( handles . uitable1 ,'Data', tabledata ) ;
179 Li = cell2mat ( tabledata ( 1 : n , 4 ) ) ;
180 [ LN , eta]= cal_index ( P ( : ) , Li ( : ) )
181 str{1}  =  ['− ='num2str( LN ) ] ;
182 str{2} = ['± ='num2str( eta * 100 ,'%.2 f')'%'] ;
183 set ( handles . listbox1 ,'string', str ) ;
184
185 function bin = Mydec2bin ( dec , N)
186 bin = zeros ( 1 , N) ;
187 if ( dec<1)
188    for i = 1 : N
189        dec = dec * 2;
190        bin ( i) = ( dec>1);
191        dec = dec-bin ( i) ;
192    end
193 end
194
195 function [LN , eta]= cal_index ( P , li)
196 H = @( p) (sum( − p . * log2 ( p) ) ) ;
197
198 LN = sum( P . * li) ;
199 eta = H( P)/LN ;
200
201 % ——Executes on button press in pushbutton2 .
202 function pushbutton2_Callback ( hObject , eventdata , handles )
203 % hObject   handle to pushbutton2 ( see GCBO)
204 % eventdata   reserved-to be defined in a future version of MATLAB
205 % handles   structure with handles and user data ( see GUIDATA)
206 close
207
```

```
208
209  function eta_vs_N
210  N = [ 2  3  4  5  10 ];
211  eta = [ 0. 5862  0.7405  0.8513  0.9084  0. 9250];
212  plot ( N , eta ) , title ( '\eta vs N' )
213  xlabel ( 'N' )
214  ylabel ( '\eta' )
```

第 10 章 信源编码 2——费诺编码

10.1 基本原理

10.1.1 费诺编码方法

费诺编码是 1949 年由费诺(Robert M. Fano)提出的一种编码方法。Fano 码的实现步骤如图 10.1 所示,即:

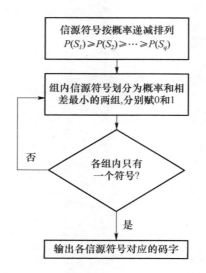

图 10.1 费诺编码步骤

(1) 将信源发出的 N 个消息符号概率递减排序;

$$p(s_1) \geqslant p(s_2) \geqslant \cdots \geqslant p(s_q) \tag{10.1}$$

(2) 将排列好的信源符号按概率值划分成两大组,使每组的概率之和接近于相等,并对每组各赋予一个二元码符号 0 和 1。

(3) 将每一大组的信源符号再分成两组,使划分后的两个组的概率之和接近于相等,再分别赋予一个二元码符号 0 和 1。

(4) 依次下去,直至每个小组只剩一个信源符号为止。

(5) 将逐次分组过程中得到的码元排列起来就是各信源符号的编码。

上述步骤实现的费诺码是二元费诺码,对于 r 元费诺码,基本思想和步骤相同,不同之处在于每次分组时应将符号分成概率分布接近的 r 个组。

10.1.2　费诺编码的性质

费诺码的性质主要包括：

（1）费诺码的编码方法实际上是一种构造码树的方法，各码字均为叶子节点对应的码字，因而费诺码是即时码；

（2）费诺码考虑了信源的统计特性，使概率大的信源符号重新分组的次数比概率小的信源符号分组的次数少，因而对应码长较短的码字，从而有效地提高了编码效率。

总体来说，它属于概率匹配编码，但往往并不是紧致码，只有当信源的概率分布满足每次划分为两部分完全等概时条件下，才能达到最佳码的性能。

由于费诺编码实现非常简单，而且通常也能获得较高的编码效率，因而也是一种比较实用的变长编码方法。

10.2　实验说明

10.2.1　实验目的

（1）掌握费诺编码的实现方法；

（2）计算费诺编码的平均码长和编码效率。

10.2.2　实验内容

（1）编制费诺编码实现函数；

（2）根据费诺编码结果计算平均码长和编码效率；

（3）调用上述函数，形成费诺编码软件界面，并基于此开展实验。

10.2.3　基本要求

编制费诺编码实现和性能指标计算程序，并集成形成软件界面，针对不同的输入开展实验，并完成实验报告。

10.2.4　实验步骤

（1）程序准备：

- 根据 N 次扩展信源的概率场模型，编制 N 次扩展信源的概率分布计算程序；
- 根据 10.1.1 的实现步骤，编制费诺编码程序；
- 根据公式（9.2）和（9.3）编制平均码长和编码效率的子函数；
- 编制 GUI 界面（如图 10.2 所示），调用上述函数，实现费诺编码实现的软件集成。

（2）输入简单信源 $\begin{bmatrix} S_1 \\ P \end{bmatrix} = \begin{bmatrix} s_0 & s_1 & s_2 & s_3 & s_4 & s_5 & s_6 \\ 0.20 & 0.19 & 0.18 & 0.17 & 0.15 & 0.10 & 0.01 \end{bmatrix}$，完成费诺编码以及性能指标计算；

（3）输入简单信源 $\begin{bmatrix} S_2 \\ P \end{bmatrix} = \begin{bmatrix} s_0 & s_1 & s_2 & s_3 & s_4 \\ 0.5 & 0.25 & 0.125 & 0.0625 & 0.0625 \end{bmatrix}$，完成费诺编码以及性

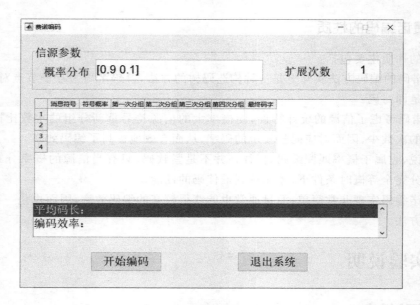

图 10.2 费诺编码软件界面

图 10.3 费诺编码结果 1

能指标计算；

（4）输入简单信源 $\begin{bmatrix} S_3 \\ P \end{bmatrix} = \begin{bmatrix} s_0 & s_1 \\ 0.9 & 0.1 \end{bmatrix}$ 以及扩展次数 $N=2,3,4,5,10$，完成费诺编码以及性能指标计算，并绘制编码效率与扩展次数的变化曲线。

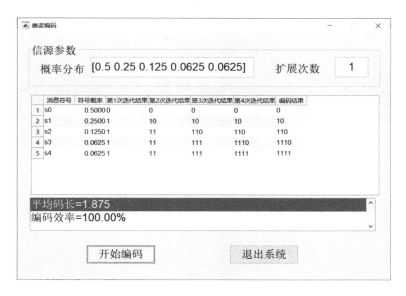

图 10.4 费诺编码结果 2

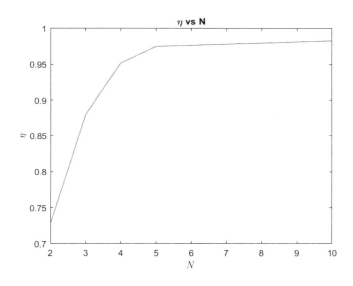

图 10.5 费诺编码效率变化曲线

10.2.5 参考代码

```
1   function [code , LN , eta , code_k , stop_flag_k ] = feino_code ( p)
2   % This function i s used to perform fano coding
3   % input : p, the distribution of the source S
4   % output : code , the fano coding result
5   %         LN, the average code length
6   %         eta , the code efficiency
7   %         code_k, the code after kth iteration
```

```
8    %          stop_flag_k , the stop f lag after kth iteration
9
10   clc
11   if ( nargin = = 0)
12       p = [0. 20 0.19 0.18 0.17 0.15 0.10 0. 0 1];
13   %       p = [0. 32 0.22 0.18 0.16 0.08 0 . 0 4 ];
14   end
15
16   stop_flag = zeros ( size ( p) ) ;
17
18   n = length ( p) ;
19   code = cell ( 1 , n) ;
20   if ( n = = 1)
21     code = '0';
22     return
23   end
24
25   p0 = sort ( p ,'descend' ) ;
26   offset = 0 ;
27   k = 0;
28   while sum( stop_flag )<n
29       % extract the sources which have not coded and have the same prefix .
30       offset = find ( stop_flag = = 0);
31       offset = offset (1) - 1;
32       p1 = p0 ( offset + 1);
33       for i = (offset + 2): n
34           if ( isequal ( code{i} , code{offset + 1}))
35             p1 = [p1 ; p0 ( i)];
36           end
37       end
38
39       % sepertate the sources into two parts .
40       index = seperate ( p1 ) ;
41       p1 = p1 ( 1 : index - 1);
42       pr = p1 ( index : end) ;
43
44       % update the prefix for two parts
45       for j = 1: index - 1
46           code{j + offset} = [code{j + offset} '0 '];
47       end
48       for j = index : length ( p1 )
49           code{j + offset} = [ code{j + offset} '1 '];
```

```
50          end
51
52          % update the stop_flag if the source has only one message.
53          if ( length ( pl ) = = 1 )
54              stop_flag ( index - 1 + offset ) = 1;
55          end
56
57          if ( length ( pr) = = 1 )
58              stop_flag ( index + offset ) = 1;
59          end
60
61          % display the result for each iteration
62          k =  k + 1
63          code
64          stop_flag
65          for i = 1:n
66              code_k{i , k} = code{i };
67              stop_flag_k{i . k} = stop_flag ( i ) ;
68          end
69  end
70
71  % code
72  % stop_flag
73  li = zeros ( size ( p) ) ;
74  for i = 1:n
75      li( i) = length ( code{i}) ;
76  end
77
78  [ LN , eta] = cal_index ( p , li) ;
79
80  function [LN , eta] = cal_index ( P , li)
81  H = @( p) (sum( - p . * log2 ( p + eps ) ) ) ;
82
83  LN = sum( P . * li) ;
84  eta = H( P)/LN ;
85
86  function index = seperate ( p)
87  N = length ( p) ;
88  index = 1 ;
89  error = zeros ( N - 2,2) ;
90  if ( N = = 1)
91      index = 1;
```

85

```
92   end
93   if ( N==2)
94       index = 2;
95   end
96   if ( N>2)
97       for i=2:N-1
98           sum1 = sum( p ( 1 : i-1)) ;
99           sum2 = sum( p) - sum1 ;
100          error ( i-1,1) = abs( sum1-sum2 ) ;
101          error ( i-1,2) = i ;
102      end
103      [ mv , i ]= min( error ( : ,1 ) ) ;
104      index = error ( i ,2 ) ;
105  end
```

```
1    function varargout = feinuo ( varargin )
2    % FEINUO MATLAB code for feinuo . fig
3    %        FEINUO, by itself, creates a new FEINUO or raises the existing
4    %        singleton * .
5    %
6    %        H = FEINUO returns the handle to a new FEINUO or the handle to
7    %        the existing singleton * .
8
9    %        FEINUO( 'CALLBACK' , hObject , eventData , handles , . . . ) calls the local
10   %        function named CALLBACK in FEINUO.M with the given input arguments.
11
12   %        FEINUO( 'Property' , 'Value' , . . . ) creates a new FEINUO or raises the
13   %        existing singleton * . Starting from the l e f t , property value pairs are
14   %        applied to the GUI before feinuo_OpeningFcn gets called . An
15   %        unrecognized property name or invalid value makes property application
16   %        stop . All inputs are passed to feinuo_OpeningFcn via varargin .
17   %
18   %        * See GUI Options on GUIDE's Tools menu. Choose "GUI allows only one
19   %        instance to run ( singleton ) ".
20   %
21   % See also: GUIDE, GUIDATA, GUIHANDLES
22
23   % Edit the above text to modify the response to help feinuo
24
25   % Last Modified by GUIDE v2. 5 22-Jul-2020 17:20:08
26
27   % Begin initialization code-DO NOT EDIT
```

```
28  gui_Singleton = 1 ;
29  gui_State = struct ( 'gui_Name' ,        mfilename , . . .
30                       'gui_Singleton' , gui_Singleton , . . .
31                       'gui_OpeningFcn' , @feinuo_OpeningFcn , . . .
32                       'gui_OutputFcn' , @feinuo_OutputFcn , . . .
33                       'gui_LayoutFcn' ,[ ] , . . .
34                       'gui_Callback' ,[ ] ) ;
35  if nargin && ischar ( varargin{1} )
36      gui_State . gui_Callback = str2func ( varargin{1}) ;
37  end
38
39  if nargout
40    [ varargout {1: nargout }] = gui_mainfcn ( gui_State , varargin {:}) ;
41  else
42    gui_mainfcn ( gui_State , varargin {:}) ;
43  end
44  % End initialization code-DO NOT EDIT
45
46
47  % ——Executes just before feinuo i s made visible.
48  function feinuo_OpeningFcn ( hObject , eventdata , handles , varargin )
49  % This function has no output args , see OutputFcn.
50  % hObject   handle to f igure
51  % eventdata reserved-to be defined in a future version of MATLAB
52  % handles   structure with handles and user data ( see GUIDATA)
53  % varargin  command l ine arguments to feinuo ( see VARARGIN)
54
55  % Choose default command l ine output for feinuo
56  handles . output = hObject ;
57
58  % Updatehandles structure
59  guidata ( hObject , handles ) ;
60
61  % UIWAIT makes feinuo wait for user response ( see UIRESUME)
62  % uiwait ( handles . figure 1 ) ;
63
64
65  % ——Outputs from this function are returned to the command line.
66  function varargout = feinuo_OutputFcn ( hObject , eventdata , handles )
67  % varargout  cell array for returning output args ( see VARARGOUT) ;
68  % hObject   handle to f igure
69  % eventdata reserved-to be defined in a future version of MATLAB
```

```
70    % handles   structure with handles and user data ( see GUIDATA)

71

72    % Getdefault command l ine output from handles structure
73    varargout{1}  =  handles . output ;

74

75

76    % ——Executes on selection change in listbox 1 .
77    function listbox1_Callback ( hObject , eventdata , handles )
78    % hObject   handle to listbox 1 ( see GCBO)
79    % eventdata   reserved-to be defined in a future version of MATLAB
80    % handles   structure with handles and user data ( see GUIDATA)

81

82    % Hints: contents = cellstr(get(hObject,'String'))returns listbox 1 contents as cell array
83    %        contents{get ( hObject , 'Value' ) } returns selected item from listbox 1

84

85

86    % ——Executes during object creation , after setting all properties.
87    function listbox1_CreateFcn ( hObject , eventdata , handles )
88    % hObject   handle to listbox 1 ( see GCBO)
89    % eventdata   reserved-to be defined in a future version of MATLAB
90    % handles   empty-handles not created until after all CreateFcns called

91

92    % Hint : listbox controls usually have a white background on Windows.
93    %        See ISPC and COMPUTER.
94    if ispc && isequal(get(hObject,'BackgroundColor'),get(0,'defaultUicontrolBackgroundColor'))
95        set ( hObject , 'BackgroundColor' , 'white' ) ;
96    end

97

98

99

100   function edit1_Callback ( hObject , eventdata , handles )
101   % hObject   handle to edit1 ( see GCBO)
102   % eventdata   reserved-to be defined in a future version of MATLAB
103   % handles   structure with handles and user data ( see GUIDATA)

104

105   % Hints : get ( hObject , 'String' ) returns contents of edit1 as text
106   %         str2double ( get ( hObject , 'String' ) ) returns contents of edit1 as a double

107

108

109   % ——Executes during object creation , after setting all properties.
110   function edit1_CreateFcn ( hObject , eventdata , handles )
111   % hObject   handle to edit1 ( see GCBO)
```

```
112    % eventdata   reserved-to be defined in a future version of MATLAB
113    % handles   empty-handles not created until after all CreateFcns called
114
115    % Hint : edit controls usually have a white background on Windows.
116    %       See ISPC and COMPUTER.
117    if ispc && isequal(get(hObject,'BackgroundColor'),get(0,'defaultUicontrolBackgroundColor'))
118        set ( hObject , 'BackgroundColor' , 'white' ) ;
119    end
120
121
122    function edit2_Callback ( hObject , eventdata , handles )
123    % hObject   handle to edit2 ( see GCBO)
124    % eventdata   reserved-to be defined in a future version of MATLAB
125    % handles   structure with handles and user data ( see GUIDATA)
126
127    % Hints : get ( hObject , 'String' ) returns contents of edit2 as text
128    %         str2double ( get ( hObject , 'String' ) ) returns contents of edit2 as a double
129
130
131    % ——Executes during object creation , after setting all properties.
132    function edit2_CreateFcn ( hObject , eventdata , handles )
133    % hObject   handle to edit2 ( see GCBO)
134    % eventdata   reserved-to be defined in a future version of MATLAB
135    % handles   empty-handles not created until after all CreateFcns called
136
137    % Hint : edit controls usually have a white background on Windows.
138    %       See ISPC and COMPUTER.
139    if ispc && isequal(get(hObject,'BackgroundColor'),get(0,'defaultUicontrolBackgroundColor'))
140        set ( hObject , 'BackgroundColor' , 'white' ) ;
141    end
142
143
144    % ——Executes on button press in pushbutton1 .
145    function pushbutton1_Callback ( hObject , eventdata , handles )
146    % hObject   handle to pushbutton1 ( see GCBO)
147    % eventdata   reserved-to be defined in a future version of MATLAB
148    % handles   structure with handles and user data ( see GUIDATA)
149    clc
150    px = eval ( get ( handles . edit1 , 'String' ) ) ;
151    N = str2double ( get ( handles . edit2 , 'String' ) ) ;
152
153    [ P0 , Sn0 ] = S_N_times ( px , N ) ;
```

```
154    [ P , I ] = sort ( P0 ,'descend' ) ;
155    Sn = Sn0 ( I ) ;
156    [ code , LN , eta , code_k , stop_flag_k ] = feino_code ( P ) ;
157
158    n = size ( P , 2 ) ;
159    K = size ( code_k , 2 ) ;
160    tabledata = cell ( n , K + 3);
161    columnname = cell ( 1 , K + 3);
162    columnname{1} = native2unicode ([207  251  207  162  183  251  186  197]) ;
163    columnname{2} = native2unicode ([183  251  186  197  184  197  194  202]) ;
164    columnname{K + 3} = native2unicode ([177  224  194  235  189  225  185  251 ]) ;
165    for i = 1:n
166        tabledata{i ,1} = Sn{i};
167        tabledata{i ,2} = P( i ) ;
168        for k = 1:K
169            tabledata{i , k + 2} = code_k{i , k };
170            columnname{k + 2} = [ native2unicode ([ 181 218]) num2str( k ) ...
171                native2unicode ([180206189225185251]) ] ;
172        end
173        tabledata{i , k + 3} = code{i };
174    end
175
176    for i = 1:n
177        for k = 1:(K − 1)
178            if ( stop_flag_k{i , k} = = 1)
179                tabledata{i , k + 3} ='−' ;
180            end
181        end
182    end
183    set ( handles . uitable1 ,'Data' , tabledata ,'ColumnName' , columnname ) ;
184
185    str{1} = [ native2unicode ([ 198  189  190  249  194  235  179  164]) '='num2str( LN ) ] ;
186    str{2} = [native2unicode([177 224 194 235 208 167 194 202])'='num2str(eta * 100,'%.2f') '%'] ;
187    set ( handles . listbox1 ,'string' , str ) ;
188
189    function bin = Mydec2bin ( dec , N)
190    bin = zeros ( 1 , N) ;
191    if ( dec<1)
192        for i = 1 : N
193            dec = dec * 2;
194            bin ( i ) = ( dec>1);
195            dec = dec − bin ( i ) ;
```

```
196        end
197    end
198
199    function [ LN , eta] = cal_index ( P , li)
200    H = @ ( p ) (sum( - p . * log2 ( p ) ) ) ;
201
202    LN = sum( P . * li) ;
203    eta = H( P)/LN ;
204
205    % ——Executes on button press in pushbutton2.
206    function pushbutton2_Callback ( hObject , eventdata , handles )
207    % hObject   handle to pushbutton2 ( see GCBO)
208    % eventdata   reserved-to be defined in a future version of MATLAB
209    % handles   structure with handles and user data ( see GUIDATA)
210    close
211
212
213    function eta_vs_N
214    N = [ 2  3  4  5  10 ] ;
215    eta = [ 0 . 7271  0.8805  0.9522  0.9750  0 . 9827 ] ;
216    plot ( N , eta ) , title ('\eta vs N')
217    xlabel ('N')
218    ylabel ('\eta')
```

第 11 章 信源编码 3——霍夫曼编码

11.1 基本原理

11.1.1 霍夫曼编码方法

1952 年,David A. Huffman 在麻省理工攻读博士时发表了《一种构建极小多余编码的方法》(A Method for the Construction of Minimum-Redundancy Codes)一文,即 Huffman 编码。文中证明了以下两个重要定理:

定理 1: 对于离散无记忆信源,至少存在一个最优二元即时码。其中概率最小的两个码字码长相同,且码字差别只在最后一位。

定理 2: 信源中最小概率两个信源符号合并新信源,如果新信源的最优二进制即时码为 C',则将 C' 中由原信源的最小两个概率缩减得到的码字后各加 0 和 1,作为原信源最小两个概率的码字,其余码字不变,这样得到的码组 C 也是最优即时码。

根据以上两个定理,可以得到霍夫曼编码的基本步骤:

(1) 排序:将待编码的 q 个消息符号概率按递减排序;

(2) 补零:如果编码的进制 r 与消息符号个数 q 不满足下式

$$q = (r-1) \cdot K + r \tag{11.1}$$

其中 $K = ceil(\frac{q-r}{r-1})$ 为正整数,$ceil()$ 表示向上取整函数,则构造概率为 $k = (r-1) \cdot K + r - q$ 个虚拟消息符号,使得消息符号的总数达到 $q' = q + k = (r-1) \cdot K + r$;

(3) 合并:确定用 $0, 1, \cdots, r-1$ 码符号代表概率最小的 r 个信源符号,将它们合并生成 $(q'-r+1)$ 个符号的缩减信源 S_1;

(4) 再排序及合并:将缩减信源 S_1 的符号按概率递减排列,再将最后 r 个概率最小的符号合并成一个符号,分别用 r 进制符号表示;

(5) 终止:经过 K 次合并,剩下 r 个符号,分别用 r 进制符号各表示一个符号;

(6) 编码:从最后一级缩减信源开始,向前返回将各信源符号对应的符号组合得到码符号序列。

11.1.2 霍夫曼编码的性质

霍夫曼编码是一种非常实用的编码方法。其主要性质包括:

(1) 霍夫曼编码得到的码字一定是紧致码,即平均码长最短的变长分组码。

(2) 霍夫曼编码结果一定是即时码。每一个码字都对应着码树叶子节点。

(3) 霍夫曼编码的结果不唯一。主要有两方面的原因:

- r 进制编码时对应的 r 个分支可以是 $0, 1, \cdots, r-1$,也可以是 $r-1, r-2, \cdots, 0$,最终的编码结果必然不同,但各码字长度、平均码长和编码效率均相等;

- 信源合并之后的新消息符号的概率有可能与现有的信源符号概率相等,此时合并信源的排序可以放在多个不同的位置,每个位置对应的编码结果均不相同,但平均码长和编码效率相等。其中合并信源位置放在满足递减关系最前的位置对应的码字长度方差最小。

11.2 实验说明

11.2.1 实验目的

（1）掌握霍夫曼编码的实现方法；
（2）计算霍夫曼编码的平均码长和编码效率。

11.2.2 实验内容

（1）编制霍夫曼编码实现函数；
（2）根据霍夫曼编码结果计算平均码长和编码效率；
（3）调用上述函数,形成霍夫曼编码软件界面,并基于此开展实验。

11.2.3 基本要求

编制霍夫曼编码实现和性能指标计算程序,并集成形成软件界面,针对不同的输入开展实验,并完成实验报告。

11.2.4 实验步骤

（1）程序准备：
- 根据 N 次扩展信源的概率场模型,编制 N 次扩展信源的概率分布计算程序；
- 根据 11.1.1 的实现步骤,编制费诺编码程序；
- 根据公式（9.2）和（9.3）编制平均码长和编码效率的子函数；
- 编制 GUI 界面（如图所 11.1 所示）,调用上述函数,实现霍夫曼编码实现的软件集成。

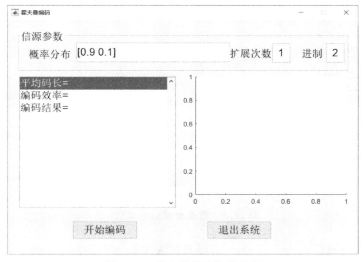

图 11.1 霍夫曼编码软件界面

（2）输入简单信源 $\begin{bmatrix} S_1 \\ P \end{bmatrix} = \begin{bmatrix} s_0 & s_1 & s_2 & s_3 & s_4 & s_5 & s_6 \\ 0.20 & 0.19 & 0.18 & 0.17 & 0.15 & 0.10 & 0.01 \end{bmatrix}$，完成霍夫曼编码以及性能指标计算（如图 11.2 所示）；

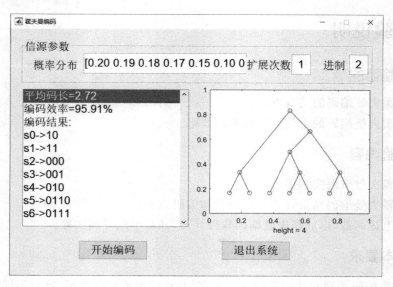

图 11.2　霍夫曼编码结果（1）

（3）输入简单信源 $\begin{bmatrix} S_2 \\ P \end{bmatrix} = \begin{bmatrix} s_0 & s_1 & s_2 & s_3 & s_4 \\ 0.5 & 0.25 & 0.125 & 0.0625 & 0.0625 \end{bmatrix}$，完成霍夫曼编码以及性能指标计算（如图 11.3 所示）；

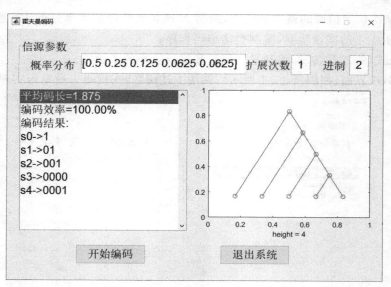

图 11.3　霍夫曼编码结果（2）

（4）输入简单信源 $\begin{bmatrix} S_3 \\ P \end{bmatrix} = \begin{bmatrix} s_0 & s_1 \\ 0.9 & 0.1 \end{bmatrix}$ 以及扩展次数 $N=2,3,4,5,10$，完成霍夫曼编码以

及性能指标计算，并绘制编码效率与扩展次数的变化曲线（如图 11.4 所示）。

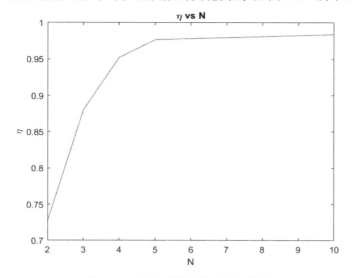

图 11.4　霍夫曼编码效率变化曲线

11.2.5　参考代码

```
1   function [ code0 , LN , eta , tree] = huffman_tree ( p0 , r)
2   % This function i s used to perform huffman coding
3   % input : p0 , the distribution of the source S
4   %            r
5   % output : code0 , the huffman coding result
6   %            LN, the average code length
7   %            eta , the code efficiency
8   %            tree , the huffuan tree code
9   clc
10
11  if ( nargin = = 0)
12  %     p0 = [ 0. 20 0.19 0.18 0.17 0.15 0.10 0.01 ] ;
13  %     p0 = [ 0. 32 0.22 0.18 0.16 0.08 0.04];
14      p0 = [ 0. 4 0.2 0.1 0.1 0.05 0.05 0.05 0.05] ;
15  %     p0 = [0. 4 0.3 0.3 ];
16  %       p0 = [ 0. 4 0.2 0.2 0.1 0.1 ] ;
17        r = 3 ;
18  end
19  [p , Index0 ] = sort ( p0 ,'descend' ) ;
20  q = length ( p ) ;
21
22  K = ceil (( q-r ) /(r-1)) ;
23  k = ( r-1) * K+r-q ;
```

```
24  if ( k>0)
25      p = [p zeros ( 1 , k ) ];
26      q = q + k ;
27  end
28
29  [ p , Index1 ] = sort ( p ,'descend') ;
30  nodes = Index1 ;
31
32  % define huffuman tree , r + 2 columns : id , p(x_i) , parent , id_0 , id_1 , . . . , id_( r − 1)
33  tree = zeros ( q + K + 1,r + 3);
34  for i = 1:q
35      tree ( i , 1 ) = i ;
36      tree ( i , 2 ) = p( i ) ;
37  end
38
39  if ( nargin<3)
40      code = cell ( 1 , q ) ;
41  end
42
43  if ( q = = r )
44      for i = 1:r
45          code0{i} = [ num2str( i − 1)];
46          tree ( i , 3 ) = r + 1;
47      end
48      tree ( r + 1 ,:) =[r + 1 ,1 ,0 ,1: r];
49
50      [ LN , eta]= cal_index ( p , 1 ) ;
51
52      eta = eta/ log2 ( r ) ;
53      return
54  else
55      q0 = q ;
56      for k = 1 : K + 1
57          sk = sum( p(end: − 1:(end − r + 1)) ) ;
58          pk = [ p ( 1 : q − r) sk ];
59  %          qk = q − (r − 1) * k ;
60
61          tree ( q0 + k , 1 ) = q0 + k ;
62          tree ( q0 + k , 2 ) = sk ;
63
64          for i = 1:r
65              tree ( q0 + k , i + 3) = nodes ( q − r + i ) ; % r branches
```

```
66              tree ( nodes ( q - r + i ) , 3 ) = q0 + k ;              % r branches' parent
67          end
68          index = 0 ;
69          for i = 1:q
70              if ( sk > = pk ( i ) )
71                  index = i ;
72                  break
73              end
74          end
75          p = [ p ( 1 : ( index - 1 )) sk p( index : end - r ) ] ;
76          nodes = [ nodes ( 1 : ( index - 1 )) q0 + k nodes ( index : end - r ) ] ;
77          q = length ( p ) ;
78      end
79  end
80  % tree
81  code = cell ( 1 , q0 ) ;
82      for i = 1:q0
83          parentid = i ;
84          while tree ( parentid , 3 ) ~ = 0
85              curid = tree ( parentid , 3 ) ;
86              for j = 1:r
87                  if ( tree ( curid , j + 3 ) = = parentid )
88                      code{i} = [ num2str( j - 1 ) code{i } ] ;
89                  end
90              end
91              parentid = curid ;
92          end
93  end
94
95  code0 = cell ( 1 , length ( Index0 ) ) ;
96  for i = 1 : length ( Index0 )
97      code0{i} = code{Index0 ( i ) };
98      li( i) = length ( code0{i}) ;
99  end
100
101  [ LN , eta ] = cal_index ( p0 , li ) ;
102  eta = eta/ log2 ( r ) ;
103
104  plot_tree ( tree , r )
105
106  function [ LN , eta ] = cal_index ( P , li )
107  H = @( p) (sum( - p . * log2 ( p + eps ) ) ) ;
```

97

```
108
109  LN = sum( P . * li ) ;
110  eta = H( P)/LN ;
111
112  function index = seperate ( p)
113  N = length ( p) ;
114  index = 1 ;
115  error = zeros ( N - 2,2) ;
116  if ( N = = 1)
117      index = 1;
118  end
119  if ( N = = 2)
120      index = 2;
121  end
122  if ( N > 2)
123      for i = 2:N - 1
124          sum1 = sum( p ( 1 : i - 1)) ;
125          sum2 = sum( p) - sum1 ;
126          error ( i - 1,1) = abs( sum1 - sum2 ) ;
127          error ( i - 1,2) = i ;
128      end
129      [ mv , i ] = min( error ( : , 1 ) ) ;
130      index = error ( i , 2 ) ;
131  end
132
133
134  function plot_tree ( tree , r)
135  tree
136  N = size ( tree , 1 ) ;
137  nodes = tree ( : , 3 ) ;
138  treeplot ( nodes' ) ;
139
140  % nodes = tree (N, 1 ) ;
141  % labels = cell (N, 1 ) ;
142  % labels {1} = tree (N, 1 ) ;
143
144  % while sum( tree ( nodes ,3 + (1: r ) ) , 2 ) > 0
145  %      for i = 1:r
146  %          nodes = [ nodes tree ( nodes ,2 + (1: r ) )]
147  %      end
148  % end
149  %   treeplot ( nodes) ;
```

```
150
151   % pxy = zeros ( N , 2 ) ;
152   % pxy( N , 1 ) = 0;
153   % pxy( N , 2 ) = 0;
154   %
155   % for i = N - 1 : - 1:1
156   %        for j = 1:r
157   % %               pxy( tree ( N , j + 3 ) , 1 ) = ( 0 : r - 1) - 0.5 * r ;
158   %               pxy( tree ( N , j + 3 ) , 1 ) = i ;
159   %               pxy( tree ( N , j + 3 ) , 2 ) = N - i ;
160   %     end
161   % end
162   %
163   % figure , plot ( pxy , 'o' )
```

```
1    function varargout = huffman ( varargin )
2    % HUFFMAN MATLAB code for huffman . fig
3    %        HUFFMAN, by itself, creates a new HUFFMAN or raises the existing
4    %        singleton * .
5    %
6    %        H  =  HUFFMAN returns the handle to a new HUFFMAN or the handle to
7    %        the existing singleton * .
8    %
9    %        HUFFMAN( 'CALLBACK' , hObject , eventData , handles , . . . ) calls the local
10   %        function named CALLBACK in HUFFMAN.M with the given input arguments.
11
12   %        HUFFMAN( 'Property' , 'Value' , . . . ) creates a new HUFFMAN or raises the
13   %        existing singleton * . Starting from the left , property value pairs are
14   %        applied to the GUI before huffman_OpeningFcn gets called . An
15   %        unrecognized property name or invalid value makes property application
16   %        stop . All inputs are passed to huffman_OpeningFcn via varargin.
17   %
18   %        * See GUI Options on GUIDE's Tools menu. Choose "GUI allows only one
19   %        instance to run ( singleton ) ".
20   %
21   % See also : GUIDE, GUIDATA, GUIHANDLES
22
23   % Edit the above text to modify the response to help huffman
24
25   % Last Modified by GUIDE v2 . 5 23 - Jul - 2020 16:47:39
26
27   % Begin initialization code-DO NOT EDIT
```

```
28   gui_Singleton = 1 ;
29   gui_State = struct ('gui_Name' ,         mfilename , . . .
30                       'gui_Singleton' , gui_Singleton , . . .
31                       'gui_OpeningFcn' , @ huffman_OpeningFcn , . . .
32                       'gui_OutputFcn' , @ huffman_OutputFcn , . . .
33                       'gui_LayoutFcn' ,[ ] , . . .
34                       'gui_Callback' ,[ ] ) ;
35   if nargin && ischar ( varargin{1})
36       gui_State . gui_Callback = str2func ( varargin{1}) ;
37   end
38
39   if nargout
40       [ varargout {1: nargout }] = gui_mainfcn ( gui_State , varargin {:}) ;
41   else
42       gui_mainfcn ( gui_State , varargin {:}) ;
43   end
44   % End initialization code-DO NOT EDIT
45
46
47   % ——Executes just before huffman is made visible.
48   functionhuffman_OpeningFcn ( hObject , eventdata , handles , varargin )
49   % This function has no output args , see OutputFcn.
50   % hObject   handle to figure
51   % eventdata   reserved-to be defined in a future version of MATLAB
52   % handles   structure with handles and user data ( see GUIDATA)
53   % varargin   command l ine arguments to huffman   ( see VARARGIN)
54
55   % Choosedefault command l ine output for huffman
56   handles . output = hObject ;
57
58   % Updatehandles structure
59   guidata ( hObject , handles ) ;
60
61   % UIWAIT makes huffman wait for user response ( see UIRESUME)
62   % uiwait ( handles . figure 1 ) ;
63
64
65   % ——Outputs from this function are returned to the command line.
66   function varargout = huffman_OutputFcn ( hObject , eventdata , handles )
67   % varargout cell array for returning output args ( see VARARGOUT) ;
68   % hObject   handle to figure
69   % eventdata   reserved-to be defined in a future version of MATLAB
```

100

```
70   % handles   structure with handles and user data ( see GUIDATA)
71
72   % Get default command l ine output from handles structure
73   varargout{1} = handles . output ;
74
75
76   % ——Executes on selection change in listbox 1.
77   function listbox1_Callback ( hObject , eventdata , handles )
78   % hObject   handle to listbox 1 ( see GCBO)
79   % eventdata   reserved-to be defined in a future version of MATLAB
80   % handles   structure with handles and user data ( see GUIDATA)
81
82   % Hints: contents = cellstr(get(hObject,'String'))returns listbox 1 contents as cell array
83   %          contents{get ( hObject ,'Value' ) } returns selected item from listbox 1
84
85
86   % ——Executes during object creation , after setting all properties.
87   function listbox1_CreateFcn ( hObject , eventdata , handles )
88   % hObject   handle to listbox 1 ( see GCBO)
89   % eventdata   reserved-to be defined in a future version of MATLAB
90   % handles   empty-handles not created until after all CreateFcns called
91
92   % Hint : l istbox controls usually have a white background on Windows.
93   %      See ISPC and COMPUTER.
94   if ispc && isequal(get(hObject,'BackgroundColor'),get(0,'defaultUicontrolBackgroundColor'))
95       set ( hObject ,'BackgroundColor','white' ) ;
96   end
97
98
99
100  function edit1_Callback ( hObject , eventdata , handles )
101  % hObject   handle to edit1 ( see GCBO)
102  % eventdata   reserved-to be defined in a future version of MATLAB
103  % handles   structure with handles and user data  ( see GUIDATA)
104
105  % Hints : get ( hObject ,'String' ) returns contents of edit1 as text
106  %          str2double ( get ( hObject ,'String' ) ) returns contents of edit1 as a double
107
108
109  % ——Executes during object creation , after setting all properties .
110  function edit1_CreateFcn ( hObject , eventdata , handles )
111  % hObject   handle to edit1 ( see GCBO)
```

```
112   % eventdata   reserved-to be defined in a future version of MATLAB
113   % handles   empty-handles not created until after all CreateFcns called
114
115   % Hint : edit controls usually have a white background on Windows.
116   %         See ISPC and COMPUTER.
117   if ispc && isequal(get(hObject,'BackgroundColor'),get(0,'defaultUicontrolBackgroundColor'))
118       set ( hObject , 'BackgroundColor' , 'white' ) ;
119   end
120
121
122   function edit2_Callback ( hObject , eventdata , handles )
123   % hObject   handle to edit2 ( see GCBO)
124   % eventdata   reserved-to be defined in a future version of MATLAB
125   % handles   structure with handles and user data   ( see GUIDATA)
126
127   % Hints : get ( hObject ,'String') returns contents of edit2 as text
128   %         str2double ( get ( hObject ,'String') ) returns contents of edit2 as a double
129
130
131   % ——Executes during object creation , after setting all properties .
132   function edit2_CreateFcn ( hObject , eventdata , handles )
133   % hObject   handle to edit2 ( see GCBO)
134   % eventdata   reserved-to be defined in a future version of MATLAB
135   % handles   empty-handles not created until after all CreateFcns called
136
137   % Hint : edit controls usually have a white background on Windows.
138   %         See ISPC and COMPUTER.
139   if ispc && isequal(get(hObject,'BackgroundColor'),get(0,'defaultUicontrolBackgroundColor'))
140       set ( hObject , 'BackgroundColor' , 'white' ) ;
141   end
142
143
144   % ——Executes on button press in pushbutton1 .
145   function pushbutton1_Callback ( hObject , eventdata , handles )
146   % hObject   handle to pushbutton1 ( see GCBO)
147   % eventdata   reserved-to be defined in a future version of MATLAB
148   % handles   structure with handles and user data ( see GUIDATA)
149   clc
150   px = eval ( get ( handles . edit1 ,'String') ) ;
151   N = str2double ( get ( handles . edit2 ,'String') ) ;
152   r = str2double ( get ( handles . edit3 ,'String') ) ;
153
```

```
154    [ P0 , Sn0 ] = S_N_times ( px , N ) ;
155    [ P , I ] = sort ( P0 ,'descend') ;
156    Sn = Sn0 ( I ) ;
157    [ code , LN , eta , tree ] = huffman_tree ( P , r ) ;
158
159    n = size ( P , 2 ) ;
160    K = size ( code , 2 ) ;
161    % tabledata = cell ( n , K + 3 ) ;
162    % columnname = cell ( 1 , K + 3 ) ;
163    % columnname{1} = native2unicode ([207  251  207  162  183  251  186  197 ]) ;
164    % columnname{2} = native2unicode ([183  251  186  197  184  197  194  202 ]) ;
165    % columnname{K + 3} = native2unicode ([177  224  194  235  189  225  185  251]) ;
166    % for  i = 1:n
167    %        tabledata{ i ,1} = Sn{ i };
168    %        tabledata{ i ,2} = P( i ) ;
169    %        for  k = 1:K
170    %            tabledata{ i , k + 2} = code_k{ i , k };
171    %            columnname{k + 2} = [ native2unicode ([ 181 218]) num2str(k) ...
172    %                native2unicode ([180  206  189  225  185  251 ]) ] ;
173    %        end
174    %        tabledata{ i , k + 3} = code{ i };
175    % end
176    % set ( handles . uitable1 ,'Data', tabledata ,'ColumnName', columnname ) ;
177
178    str{1} = [native2unicode([198  189  190  249  194  235  179  164]) '=' num2str(LN)] ;
179    str{2} = [native2unicode([177 224 194 235 208 167 194 202])'='num2str(eta * 100,'%.2f')'%'];
180    str{3} = [ native2unicode ([ 177  224  194  235  189  225  185  251]) ':' ] ;
181    for i = 4: size ( code , 2 ) + 3
182        str{i} = [ Sn{i - 3} '->' code{i - 3}];
183    end
184    set ( handles . listbox1 ,'string', str ) ;
185
186      plot_tree ( tree , r )
187
188    function plot_tree ( tree , r )
189    tree
190    N = size ( tree , 1 ) ;
191    nodes = tree ( : , 3 ) ;
192    treeplot ( nodes') ;
193    function bin = Mydec2bin ( dec , N )
194    bin = zeros ( 1 , N ) ;
195    if ( dec<1)
```

```
196        for i = 1 : N
197            dec = dec * 2;
198            bin ( i) = ( dec>1);
199            dec = dec - bin ( i) ;
200        end
201    end
202
203    function [ LN , eta] = cal_index ( P , li)
204    H = @( p) (sum( - p . * log2 ( p) ) ) ;
205
206    LN = sum( P . * li) ;
207    eta = H( P)/LN ;
208
209    % ——Executes on button press in pushbutton2.
210    function pushbutton2_Callback ( hObject , eventdata , handles )
211    % hObject   handle to pushbutton2 ( see GCBO)
212    % eventdata   reserved-to be defined in a future version of MATLAB
213    % handles   structure with handles and user data ( see GUIDATA)
214    close
215
216
217    function eta_vs_N
218    N = [ 2  3  4  5  10 ] ;
219    eta = [ 0. 7271  0.8805  0.9522  0.9767  0. 9839 ] ;
220    plot ( N , eta ) , t i t l e ('\eta vs N')
221    xlabel ('N')
222    ylabel ('\eta')
223
224
225
226    function edit3_Callback ( hObject , eventdata , handles )
227    % hObject   handle to edit3 ( see GCBO)
228    % eventdata   reserved-to be defined in a future version of MATLAB
229    % handles   structure with handles and user data ( see GUIDATA)
230
231    % Hints : get ( hObject ,'String') returns contents of edit3 as text
232    %         str2double ( get ( hObject ,'String') ) returns contents of edit3 as a double
233
234
235    % ——Executes during object creation , after setting all properties.
236    function edit3_CreateFcn ( hObject , eventdata , handles )
237    % hObject   handle to edit3 ( see GCBO)
```

104

```
238  % eventdata   reserved-to be defined in a future version of MATLAB
239  % handles   empty-handles not created until after all CreateFcns called
240
241  % Hint : edit controls usually have a white background on Windows.
242  %          See ISPC and COMPUTER.
243  if ispc && isequal(get(hObject,'BackgroundColor'), get(0,'defaultUicontrolBackgroundColor'))
244      set ( hObject ,'BackgroundColor','white') ;
245  end
```

第 12 章　渐进等同分割性与典型序列

12.1　基本原理

可以说香农第一定理是信源压缩的理论根源。然而在证明香农第一定理过程中,人们注意到极有可能有一部分扩展信源符号没有进行编码而发生译码错误,但随着扩展次数的增加,这部分扩展信源符号的概率和极小,因而从某种意义来说,这个针对扩展信源编码的过程并非严格的无失真信源编码,而是针对其中的一类"典型序列"进行了无失真编码。由于部分信息论基础教材中并没有直接提及典型序列及其性质,为此开展本实验将有助于学生深刻理解信源压缩的本质。

12.1.1　信源压缩途径分析

信源压缩有可能大幅减小信息存储容量、传输时间等,因而信源压缩的必要性是显然的。信源有可能被压缩,存在以下两个方面原因:

(1) 因为信源信息熵在等概条件下才能达到最大值,而大多数的信源原始消息符号的概率分布偏离等概分布,因而存在大量的冗余;

(2) 大多数情况下,信源原始符号之间存在一定的相关性。根据平稳信源的性质可知,平均符号熵随着符号长度的增加是非递增的,即

$$H(X) \geqslant H_2(X) \geqslant H_3(X) \geqslant \cdots \geqslant H_{N-1}(X) \geqslant H_N(X)) \tag{12.1}$$

为此,信源编码操作(如图 12.1 所示)将实现一种变换,将原始信源符号序列 $X_1 X_2 X_3 X_4 \cdots$ 变换到 $Y_1 Y_2 Y_3 \cdots$。为了实现对原始信源的压缩编码,则希望实现输出的符号 $Y_1 Y_2 Y_3 \cdots$ 尽可能等概且不相关。因而信源压缩的途径也将从以下两个方面:

信源 $\xrightarrow{X=(X_1 X_2 \cdots X_N)}$ 信源编码 $\xrightarrow{Y=(Y_1 Y_2 \cdots Y_N)}$

图 12.1　信源压缩示意图

(1) 如果 X 输出符号不相关,只需要寻找等概"新符号组合";

(2) 如果 X 输出符号相关,先去相关,再找等概"新符号组合";幸运的是,利用渐进等分与典型序列有可能实现。

12.1.2　渐进等同分割

离散无记忆信源 X 来说,当其输出的序列 $X_1 X_2 \cdots X_N$ 的长度 N 足够长时,会出现一类极为特殊的序列:

(1) 序列中各符号出现的频次逼近符号的发生概率。如果 $X \in \{a_1, a_2, \ldots, a_q\}$,且各符号概率分别为 $\{p_1, p_2, \ldots, p_q\}$,当 N 足够大时,根据大数定理,a_i 出现的次数 N_i 应该逼

近 $N \cdot p_i$。

（2）序列出现的概率近似相等。X 的 N 次扩展信源中，a_1 出现的次数 N_1、a_2 出现的次数 N_2、a_N 出现的次数 N_N 的序列概率逼近 $p_1^{N_1} \cdot p_2^{N_2} \ldots p_N^{N_N} = p_N^{N \cdot p_1} \cdot p_2^{N \cdot p_2} \ldots p_N^{N \cdot p_N}$（常数）。

以二进制信源 $P(X=0)=0.9$，$P(X=1)=0.1$ 为例，100 次无记忆扩展信源 X^{100}，总共可能有 2^{100} 种可能的序列，其中大多数序列中包含 90 个"0"、10 个"1"，对应的概率都为 $0.9^{90} \cdot 0.1^{10}$。

香农最早发现随机变量长序列的 AEP，1948 年发表在《通信的数学理论》论文。麦克米伦在 1953 年发表的《信息论的基本定理》一文中严格地证明了这一结果。

对于独立同分布的随机变量 X_1，X_2，$\cdots$，X_N，当 N 足够大时，N 维联合概率分布满足 $\dfrac{-\log p(X^N)}{N}$ 依概率收敛于 $H(X)$。即对任意 $\varepsilon>0$，$\delta>0$，存在 N_0，当 $N>N_0$，有

$$P_r\{|\frac{\log p(X^N)}{N}+H(X)|<\varepsilon\}>1-\delta \tag{12.2}$$

$$P_r\{|\frac{\log p(X^N)}{N}+H(X)|\geqslant\varepsilon\}\leqslant\delta \tag{12.3}$$

12.1.3　典型序列

对于离散无记忆信源 X，对应任意 $\varepsilon>0$，满足 $P_r\{|\frac{\log p(X^N)}{N}+H(X)|<\varepsilon\}>1-\varepsilon$ 的 N 长序列称为典型序列[10]。

典型序列的集合：$G_\varepsilon=\{X^N: |\frac{\log p(X^N)}{N}+H(X)|<\varepsilon\}$

非典型序列的集合：$\overline{G_\varepsilon}=\{X^N: |\frac{\log p(X^N)}{N}+H(X)|\geqslant\varepsilon\}$

以二进制信源 $P(X=0)=P(X=1)=0.5$ 为例，100 次无记忆扩展信源 X^{100}，总共有 2^{100} 种可能的序列，其中大多数序列中包含 50 个"0"、50 个"1"，对应概率约为 $0.5^{100}\approx 2^{-100H(0.5,0.5)}$，而全部为"0"或者"1"，以及"0""1"的个数悬殊的序列将极少出现。

典型序列的主要性质如下：

（1）如果序列样本 $x_1 x_2 \cdots x_N \in G_\varepsilon$，则：

$$H(X)-\varepsilon\leqslant -\frac{\log p(x_1 x_2 \cdots x_N)}{N}\leqslant H(X)+\varepsilon。$$

（2）当 N 充分大时，$P_r\{G_\varepsilon\}>1-\varepsilon$。

（3）$|G_\varepsilon|\leqslant 2^{N(H(X)+\varepsilon)}$，其中 $|G|$ 表示集合 G 中的元素个数。

（4）当 N 充分大时，$|\{G_\varepsilon\}|\geqslant(1-\varepsilon)2^{N[H(X)-\varepsilon]}$。

不难发现典型序列之所以"典型"，是因为这一类序列的出现概率非常大，当 N 足够大时，其概率和逼近 1，但与此同时，在 N 次扩展符号全部的数量 q^N 占比又非常有限，当 $H(X)$ 很小时，占比非常小。

因此，理论上只需重点考虑典型序列的编码和解码，将可以实现信源的有效压缩。

但是在实际仿真中，为了较为准确地统计各种序列的数目，生成的序列数目随扩展次数指数增加，同时因为当 N 不是足够大，$N \cdot p(x=0)$ 取整等原因，在 ε 设置较小时，并不容易找到满足式（12.2）的典型序列。因而验证有相当大的困难，需要对信源分布、仿真序列数以及 ε 进行合理设置。

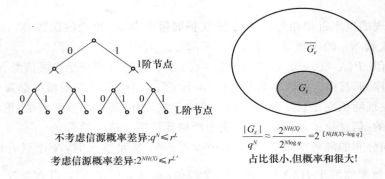

不考虑信源概率差异:$q^N \leqslant r^L$

考虑信源概率差异:$2^{NH(X)} \leqslant r^{L'}$

$$\frac{|G_\varepsilon|}{q^N} \approx \frac{2^{NH(X)}}{2^{N\log q}} = 2^{[N(H(X) - \log q)]}$$

占比很小,但概率和很大!

图 12.2 典型序列示意图

12.2 实验说明

12.2.1 实验目的

(1) 理解渐进等同分割的过程;

(2) 掌握典型序列的性质;

(3) 理解基于典型序列的信源压缩编码本质。

12.2.2 实验内容

(1) 验证渐进等同分割特性;

(2) 验证典型序列的基本性质;

(3) 基于典型序列的压缩编码。

12.2.3 基本要求

编制生成 N 次扩展序列以及序列的概率统计程序,通过仿真验证渐进等同分割特性;筛选典型序列,并验证典型序列的基本性质;并通过对典型序列的编码仿真实现信源的压缩。

12.2.4 实验步骤

(1) 程序准备:

• 编制给定信源的 N 次扩展消息符号计数函数;

• 编制典型序列筛选函数;

• 编制针对典型序列的霍夫曼信源编码函数。

(2) 以二进制信源 $P(X=0)=0.9$,$P(X=1)=0.1$ 为例,统计不同序列总数 $N_0 = 10\,010\,000$,$1\,000\,000$ 条件下 $N=10$ 次扩展信源中不同符号出现的次数,如图 12.3 所示。

(3) 以二进制信源 $P(X=0)=0.55$,$P(X=1)=0.45$ 为例,统计 $N_0 = 10^7$ 个 $N=10,12,14,16,18,20$ 次扩展信源序列中典型序列的个数以及概率和,并绘制响应曲线,如图 12.4 所示。

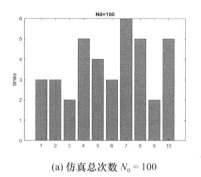

(a) 仿真总次数 $N_0 = 100$

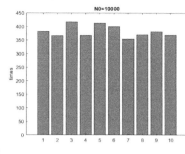

(b) 仿真总次数 $N_0 = 10\,000$

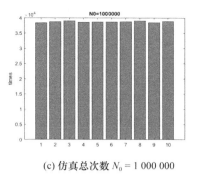

(c) 仿真总次数 $N_0 = 1\,000\,000$

图 12.3 扩展信源的序列出现次数

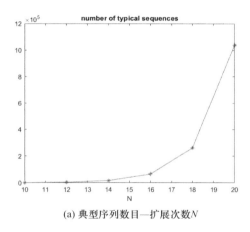

(a) 典型序列数目—扩展次数N

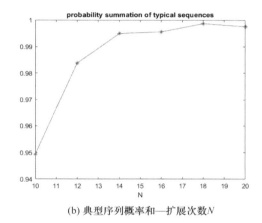

(b) 典型序列概率和—扩展次数N

图 12.4 典型序列性质曲线

12.2.5 参考代码

```
1   %%%%%%%%%%%%% main .m %%%%%%%%%%%%%%%%%%
2   clear all ;
3   close all ;
4   clc ;
5
6   H = @( p) sum( - p . * log2 ( p + eps ) ) ;
7
8   % if ( nargin == 0)
9       N = 8 ;
10      px = [0.55  0.4 5];
11      N0 = 10^7 ;
```

```
12      epsilon = 0.05 ;
13   % end
14
15  x = [ ] ;
16  y = [ ] ;
17  z = [ ] ;
18  % for N = 8
19      for N = 10:2:20
20      Hx = H( px ) ;
21
22      data = rand( N0 , N) ;
23      data = data>px (1) ;
24      % Hx
25      data_str = num2str( data ) ;
26      result = tabulate ( data_str )
27      n = 0 ;
28      freq = 0 ;
29
30      seq = [ ];
31      n = [ ];
32      k = 1 ;
33      for i = 1: size ( result , 1 )
34          num_ones = sum( result{i,1} = = '1' ) ;
35          num_zeros = N - num_ones ;
36
37          px1xn = px (1)^num_zeros * px (2)^num_ones ;
38
39          if ( num_ones = = 0)
40              ['all zeros :'num2str( i) ]
41              result ( i , : )
42          end
43          if ( num_ones = = 1)
44              ['9 zeros :'num2str( i) ]
45              result ( i , : )
46          end
47
48          % typical sequences
49          if ( abs( log2 ( px1xn )/N + Hx)<epsilon )
50              seq{k ,1} = result{i , 1 };
51              n = [n ; result{i , 2 }];
52              k = k + 1;
53          end
```

```
54
55        end
56
57        % number and probability of typical sequences
58        number_seq = length ( seq )
59        probability_seq = sum( n ( : ) )/N0
60
61        % num_r = 2^(N * (Hx + epsilon ) )
62        % num_l = (1 - epsilon ) * 2^(N * (Hx - epsilon ) )
63        x = [ x N ];
64        y = [ y number_seq ] ;
65        z = [ z probability_seq ];
66   end
67   figure , plot ( x , y ,'- *' ) , title ('number of typical sequences')
68   xlabel ('N')
69   figure , plot ( x , y ./( 2 .^( x ) ) ,'- *'), title ('number ratio of typical sequences')
70   xlabel ('N')
71   figure , plot ( x , z ,'- *'), title ('probability summation of typical sequences')
72   xlabel ('N')
```

```
1    function  [ n , freq ] = counter ( N , px , N0 )
2    if ( nargin == 0)
3        N = 10;
4        px = [ 0. 9   0. 1 ];
5        N0 = 10^6;
6    end
7
8    data = rand( N0 , N ) ;
9    data = data>px (1) ;
10
11   data_str = num2str( data ) ;
12   result = tabulate ( data_str )
13   n = 0 ;
14   freq = 0 ;
15
16   seq = [ ] ;
17   n =[];
18   k = 1 ;
19   for i = 1: size ( result , 1 )
20       if (sum( result{i,1} == '1' ) == N * px (2) )
21           seq{k} = result{i , 1 };
22           n = [ n ; result{i , 2 } ];
```

```
23          k = k + 1;
24      end
25  end
26  figure , bar( n )
27  ylabel ( 'times' )
28  title ( [ 'NO =' num2str( NO ) ] )
29  seq
```

第 13 章　极简信道编解码

13.1　基本原理

13.1.1　信道编码与费诺不等式

信道编码的方法只要是解决信息传输可靠性的问题。信道编码理论是香农信息论的重要内容之一,更是在存在噪声等实际工程中必须考虑的问题。最简单的信道编码就是利用信源符号重复的方式来实现信道编码,提高信息传输的可靠性,当然代价是信息传输的速率会随之降低。信道编码的方法非常多在信息论基础课程中只介绍的几种,但通过极简信道编码[11]和解码将使得同学们深刻理解信道编码的本质。

信息传输的过程可抽象为以下问题:从信道输出端接收的 Y 可以得到关于 X 多少信息 $I(X;Y)$,等效对随机变量 X 进行估值。令译码函数 $X'=g(Y)$,此时 X,Y,X' 构成马尔可夫链。当且仅当 X 是 Y 的单值函数时,条件熵 $H(X|Y)=H(X)-I(X;Y)=0$,通常希望 $I(X;Y)$ 逼近 $H(X)$,即 $H(X|Y)$ 较小,估计误差概率较小。

费诺教授在 1950s 推导了一个十分重要的不等式,也称费诺不等式。定义出错概率 $p_E=PX'X$,则错误概率 p_E 与信道疑义度 $H(X|Y)$ 存在以下关系:

$$H(X|Y) \leqslant H(p_E)+p_E\log(r-1) \tag{13.1}$$

由费诺不等式可以错误概率 p_E 与信道疑义度 $H(X|Y)$ 的许用区域,如图 13.1 所示。

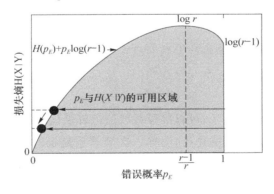

图 13.1　费诺不等式示意图

从上述许用区域可以得到减小信息传输错误概率的两个途径:

(1) 当信源 X、编码方式及信道确定,则 $H(X|Y)$ 确定,通过优选译码规则是 p_E 逼近下界;

(2) 当信源 X 和信道确定,改变编码方式,降低 $H(X|Y)$ 及 p_E 下界,再结合译码逼近下界。第一个途径对应着最佳译码规则的选择,即最大后验概率译码准则;第二个途径对应着信

道编码方法的设计以及对应最佳译码规则的选择。本实验中重点讨论简单重复编码如何通过降低信道疑义度进而实现错误概率的降低。这就是简单重复信道编码的本质，也是最基本、最简单的一种有噪信道编码方法。

费诺不等式的证明通过数据处理定理（级联信道的信息不增原理）来完成，即将译码过程等效为一个有噪信道后的译码信道，在此基础上，结合平均互信息量等定义和性质完成该不等式的推导。

以二元对称信道为例，解释不同的译码规则带来的错误概率不同，但将所有的错误概率和信道的疑义度均满足费诺不等式限定的可用区域，如图 13.2 所示。

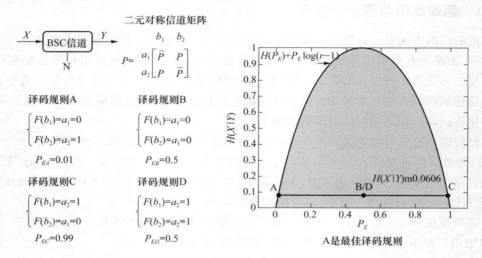

图 13.2 二元对称信道的译码规则及错误概率

13.1.2 简单重复编码

简单重复编码，顾名思义就是将待发送的码字重复多次发送。以三次重复为例，当信源符号为"0"（或"1"）时，则重复发送三个"0"（或"1"）。实际上简单重复可以等效为独立并联信道发送单个符号，如图 13.3 所示。

利用平均互信息量的链式关系，可以推导并联信道降低信道疑义度的结论，并结合费诺不等式指明的第二个降低错误概率的途径，明确三次简单重复编码可能获取更低的错误概率的理论依据。

进一步可以将三次重复信道传输的过程等效分解成三个信道（重复编码信道、传输信道、译码信道），以二元对称信道（BSC）为例，可计算出各子信道矩阵，并计算总的信道矩阵和平均错误概率，如图 13.4 所示。

结果表明三次重复信道能够显著降低平均错误概率。而且如果将各种译码规则遍历，并计算对应的错误概率，结合费诺不等式，可以验证三次简单重复信道编码的错误概率和信道疑义度仍然满足不等式。此外，可以本实验将验证两次简单重复的错误概率并不能有效降低，从而表明三次重复编码是信道编码的一种极简实现方法。

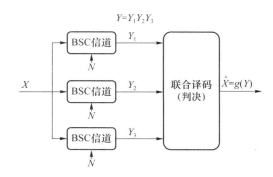

图 13.3　三次简单重复编码等效信道

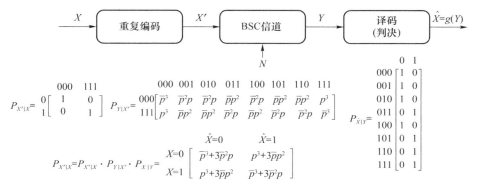

输入分布为等概分布条件平均错误概率 $p_E = \overline{p}^3 + 3\overline{p}p^2 \approx 3 \times 10^{-4}$

图 13.4　三次简单重复编码子信道及总信道

13.2　实验说明

13.2.1　实验目的

（1）掌握三次简单重复编码的实现方法；

（2）仿真验证数据通过简单重复信道编码传输的效果；

（3）验证费诺不等式,并理解费诺不等式对于信道编码的理论指导意义。

13.2.2　实验内容

（1）三次简单重复编码实现方法；

（2）二次简单重复编码实现方法；

（3）图像经过简单重复信道传输的效果仿真；

（4）利用简单重复编码验证费诺不等式。

13.2.3 基本要求

编制简单重复编码和解码的程序,模拟数据通过简单重复信道的效果,对错误概率进行定量统计,并与理论计算结果比较。遍历全部译码规则下的错误概率,验证三次和二次重复编码条件下的费诺不等式。

13.2.4 实验步骤

(1) 程序准备:

- 编制 N 次重复编码信道矩阵计算程序;
- 编制不同译码规则下错误概率计算程序;
- 编制主函数,调用上述函数,输出图像数据,仿真其通过 N 次扩展信道的传输结果,并可统计错误概率。

(2) 以二元对称信道矩阵 $P_1 = \begin{bmatrix} 0.99 & 0.01 \\ 0.01 & 0.99 \end{bmatrix}$ 作为传输信道,遍历各种译码规则,计算三次简单重复编码对应的平均错误概率,并以等概信源作为输入,计算此时的信道疑义度 $H(X|Y_1Y_2Y_3)$,并在费诺不等式限定的可用区域中标记。

(3) 以二元对称信道矩阵 $P_1 = \begin{bmatrix} 0.99 & 0.01 \\ 0.01 & 0.99 \end{bmatrix}$ 作为传输信道,遍历各种译码规则,计算二次简单重复编码对应的平均错误概率,并以等概信源作为输入,计算此时的信道疑义度 $H(X|Y_1Y_2Y_3)$,并在费诺不等式限定的可用区域中标记,如图 13.5 所示。

(4) 以二元对称信道矩阵 $P_2 = \begin{bmatrix} 1-p & p \\ p & 1-p \end{bmatrix}$ 作为传输信道,分别设置不同的出错概率,即取 $p=0,0.1,0.2,0.3,0.4,0.5,0.6,0.7,0.8,0.9,1.0$,计算最小错误概率译码规则下的错误概率 P_{E0},并输入图像,统计出错概率 P_{E1},如图 13.6 所示。

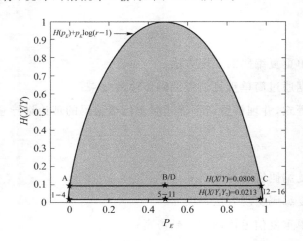

图 13.5　二次简单重复编码错误概率与信道疑义度

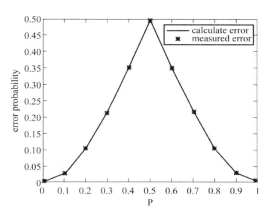

13.6　图像经过三次简单重复编码错误概率仿真

13.2.5　参考代码

```
1   %%%%%%%%%%%%% chongfu.m %%%%%%%%%%%%%%%%%
2   clear all ;
3   close all ;
4   clc ;
5
6   H = @( p) sum( - p . * log2 ( p + eps ) ) ;
7
8   r = 5 ;
9   i = 1 ;
10  for Pe = 0 : 0 . 01 : 1
11      X( i ) = Pe ;
12      Hxy ( i ) = H ( [ Pe 1 - Pe ] ) + Pe . * log2 ( r - 1);
13  i = i + 1 ;
14  end
15  X = [ X 1 ] ;
16  Hxy = [ Hxy 0 ] ;
17  figure , f = f i l l ( X , Hxy ,'c' )
18
19  xlim([ - 0 . 0 1 . 2 ] )
20  ylim([ - 0 . 0 2 . 5 ] )
21  ylabel ('H(X|Y)' )
22  xlabel ('p_E' )
23  text (0. 32 , Hxy (end/3) ,'$ $ H(p_E) + p_E \ log ( r - 1)\rightarrow $ $ ','interpreter','
            latex' , . . .'HorizontalAlignment','right','FontSize',12)
24
25  text ( 0 . 5 , 1 ,'p_E vs H(X|Y)','HorizontalAlignment','center','fontsize',18)
```

```
26   set ( gca ,'xtick',[ 0 1 ] ,'ytick',[ 0 ])
27   hold on
28   l=plot([0.8  0.8],[0  max(Hxy)],'lines tyle',';','linewidth',0.9,'color',[0.8  0.0  0.0]);
29   text(0.8, - 0.1,'$ $\frac{r-1}{r} $ $','interpreter','latex','HorizontalAlignment','center','
     FontSize',12)
30   text(0.8,max(Hxy)+0.1,'$ $\log r $ $','interpreter','latex','HorizontalAlignment','center','
     FontSize',12)
31
32   text ( 1 , 2 ,'$ $\ log ( r-1) $ $ ','interpreter','latex','HorizontalAlignment','left',
     'FontSize',12)
33   % return
34
35   % figure, fill (Hyx,X,'c')
36   % xlabel ('H(X|Y)')
37   % ylabel ('Pe')
38   % xlim ([ 0 . max(Hyx) ] )
39   % ylim([ - 0.1 1 . 1 ] )
40
41   q = 0. 5 ;
42   p = 0. 01 ;
43   Px = [ q 1-q ] ;
44   Pyx = [ 1-p p ; p 1-p ] ;
45   P2yx = [ (1-p)^2 p*(1-p) p*(1-p) p*p ; p^2 p*(1-p) p*(1-p) (1-p)^2 ] ;
46   Py = Px * Pyx ;
47   P2y = Px * P2yx ;
48   Hx = H( Px) ;
49   Hy = H( Py)
50   H2y = H( P2y )
51   Hyx = H( Pyx ( 1 , : ) )
52   H2yx = H( P2yx ( 1 , : ) )
53
54   Ixy = Hy - Hyx
55   I2xy = H2y - H2yx
56
57   Hxy = Hx - Ixy
58   H2xy = Hx - I2xy
59   % I2xy/Ixy
60   hold on
61   xlim([ - 0.1 1 . 1 ] )
62   l=plot ([ 0 1 ] ,[ Hxy Hxy ] ,'linewidth', 1 ,'color',[ 0. 8 0.1 0 . 8 ]);
63   l2 = plot([ p 0.5 0.5 1-p ] , Hxy ,'p','MarkerSize',10 ,'MarkerFaceColor',[ 1 0 0 ]);
64   text ( p , Hxy+0.05 ,'A','HorizontalAlignment','right')
```

118

```
65   text ( 0 . 5 , Hxy + 0.05 , 'B/D' , 'HorizontalAlignment' , 'center' )
66   text(1 - p , Hxy + 0.05 , 'C' , 'HorizontalAlignment' , 'left' )
67   text(0.8,Hxy + 0.05,['H(X|Y) = 'num2str(Hxy,'%.4f')],'HorizontalAlignment','center')
68   % text ( 0 . 8 ,Hxy + 0.05 , '\downarrow' , 'HorizontalAlignment' , 'center' )
69   set ( f , 'FaceColor' , [ 0.95  0.95  0.95] , 'EdgeColor' , [1  0  0])
70
71
72   % - ´)
73   Hxy0 = Hxy ;
74   clear X Hxy ;
75   Ixy = 1 - H( p) ;
76   I2xy = H([0.5 * (p^2 + (1 - p)^2)p * (1 - p)p * (1 - p)0.5 * (p^2 + (1 - p)^2)]) - H([p^2   p * (1 - p)
     p * (1 - p)  (1 - p)^2]);
77   H2xy = 1 - I2xy
78
79   r = 2 ;
80   i = 1 ;
81   for Pe = 0 : 0 . 01 : 1
82       X( i) = Pe ;
83       Hxy ( i) = H ( [ Pe 1 - Pe ] ) + Pe . * log2 ( r - 1);
84   i = i + 1 ;
85   end
86   X = [ X  1 ] ;
87   Hxy = [ Hxy  0 ] ;
88   figure , f = fill ( X , Hxy , 'c' )
89
90   xlim([ - 0.5 1 . 5 ] )
91   ylabel ( 'H(X|Y)' )
92   xlabel ( 'Pe' )
93   text ( 0 . 32 , Hxy ( round(end/3) ) , 'H(p_E) + p_E log ( r - 1)\rightarrow' , 'HorizontalAlignment
     ' , 'right' , 'FontSize' ,12)
94   hold on
95   xlim([ - 0.1  1.1])
96   l0 = plot ([ 0  1 ] , [ Hxy0 Hxy0 ] , 'linewidth' , 1 , 'color' , [ 0.8  0.1  0.8] ) ;
97
98   l = plot([ 0  1 ] , [ H2xy H2xy ] , 'linewidth' , 1 , 'color' , [ 0.8  0.0  0.0 ] ) ;
99   l2 = plot([p 0.5 0.5 1 - p ] , Hxy0 , 'p' , 'MarkerSize' ,10 , 'MarkerFaceColor' ,[ 1 0 0 ]);
100  text ( p , Hxy0 + 0.05 , 'A' , 'HorizontalAlignment' , 'right' )
101  text ( 0 . 5 , Hxy0 + 0.05 , 'B/D' , 'HorizontalAlignment' , 'center' )
102  text(1 - p , Hxy0 + 0.05 , 'C' , 'HorizontalAlignment' , 'left' )
103  text (0.8,Hxy0 + 0.05,['H(X|Y) = 'num2str(Hxy0,'%.4f')],'HorizontalAlignment','center')
104  % % text ( 0 . 8 ,Hxy + 0.05 , '\downarrow' , 'HorizontalAlignment' , 'center' )
```

```
105  set ( f ,'FaceColor',[ 0 . 95 0.95 0 . 95 ],'EdgeColor',[ 1   0   0 ])
106
107  PE16 = [ ones ( 1 , 4 ) * ( p^2 + p * ( 1 - p) ) ones ( 1 , 8 ) * (0.5 * p^2 + 0.5 * (1 - p)^2 + p * (1 -
     p) ) ones ( 1 , 4 ) * ((1 - p)^2 + (1 - p) * p) ] ;
108  l3 = plot ( PE16 , H2xy ,'p','MarkerSize',10,'MarkerFaceColor',[ 1 0 0 ]) ;
109  text ( PE16 (1) , H2xy + 0.02 ,'1 - 4','HorizontalAlignment','right')
110  text ( PE16 (5) , H2xy + 0.02 ,'5 - 11','HorizontalAlignment','center')
111  text ( PE16 (end) , H2xy + 0.02 ,'12 - 16','HorizontalAlignment','left')
112  text (0. 8 , H2xy + 0.02 ,['H(X|Y_1Y_2) ='num2str( H2xy ,'%.4 f') ] ,'HorizontalAlignment',
     'center')
113  % ylim([ - 0.1 1 . ])
```

```
1   %%%%%%%%%%%% simulate .m%%%%%%%%%%%%%%
2   clear all ;
3   close all ;
4   clc ;
5
6   % data = imread ('changcheng','jpg') ;
7   data0 =  imread ('wdzg2','jpg') ;
8   X = double ( data0 ) ;
9   p = [0   0.1   0.2   0.3   0.4   0.5   0.6   0.7   0.8   0.9   1];
10
11  for i = 1:length ( p )
12      P =  p( i) ;
13      if ( P> = 0.5)
14          P = 1 - P ;
15      end
16      pe = P^3 + 3 * P^2 * ( 1 - P) ;
17
18      figure (1) , imshow ( X)
19
20      r =  rand( size ( X) ) ;
21      th =  pe ;
22      Y =  uint8 (( r>th) . * X + (r<th). * (256 - X) ) ;
23      figure (2 * i + 1) , imshow ( Y)
24
25      pe0 ( i) = pe ;
26      pe1 ( i) =  sum( uint8 ( Y ( : ) )~ = uint8 ( X ( : ) ) )/ numel ( X) ;
27  end
28  pe0
29  pe1
30  figure , plot ( p , pe0 )
31  hold on , plot ( p , pe1 ,'*')
32  xlabel ('p') , ylabel ('error probability')
33  legend ('calculate error','measured error')
```

第二部分

综合应用实验

第 14 章 平均互信息的应用——决策树

14.1 基本原理

决策树是一种十分常用的分类方法,利用一组样本数据建立多个属性与分类结果之间关系的模型,从而能够对新的属性数据进行分类。

根据已有的样本数据建立决策树的过程,需要对每一步的决策进行"决策增益"分析,优选出按照当前决策,能够获得最大的决策增益,也就是消除尽可能多的不确定性。

以如下 10 个样本为例,讨论决策树建立的过程。样本数据如表 14.1 所示。

表 14.1　决策树实例数据样本

样品编号	年龄	月薪	健康状况	买车意向
1	＜30	＜3 000	好	不买
2	＜30	＜3 000	不好	不买
3	＜30	≥3 000	不好	买
4	＜30	≥3 000	好	买
5	30～60	＜3 000	好	买
6	30～60	≥3 000	好	买
7	30～60	≥3 000	不好	买
8	＞60	＜3 000	好	买
9	＞60	＜3 000	不好	不买
10	＞60	≥3 000	不好	不买

如果定义"买车意向"$X=\{$"买""不买"$\}$,"年龄"$Y=\{$"＜30","30～60","＞60"$\}$,"月薪"$Z=\{$"＜3 000","≥3 000"$\}$,"健康"$M=\{$"好","不好"$\}$。

首先看,决策前信息熵 $H(X)=H(\frac{6}{10},\frac{4}{10})=0.971$bit。如果做第一步决策,分别取 Y、Z、M 作为判决条件,则决策后的不确定性分别为

$$H(X|Y)=0.4*H(\frac{1}{2},\frac{1}{2})+0.3*H(1,0)+0.3*H(\frac{1}{3},\frac{2}{3})=0.676\text{bit}$$

$$H(X|Z)=0.5*H(\frac{2}{5},\frac{3}{5})+0.5*H(\frac{4}{5},\frac{1}{5})=0.846\text{bit}$$

$$H(X|M)=0.5*H(\frac{4}{5},\frac{1}{5})+0.5*H(\frac{2}{5},\frac{3}{5})=0.846\text{bit} \tag{14.1}$$

于是,第一次决策分别获得的决策增益为

$$G(Y)=H(X)-H(X|Y)=0.295\text{bit}$$

$$G(Z) = H(X) - H(X|Z) = 0.125\text{bit}$$

$$G(M) = H(X) - H(X|M) = 0.125\text{bit} \tag{14.2}$$

所以第一步决策获得增益最大的应该是决策 Y，表明如果认为"年龄"是影响买车与否最重要的因素。同时根据决策增益熵的计算公式不难发现，决策增益就是平均互信息量。于是得到第一级决策树，如图 14.1 所示。

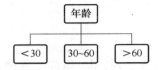

图 14.1　第一级决策

于是表格 14.1 可以分别划分成三个子表（表 14.2、表 14.3 和表 14.4）。

表 14.2　年龄小于 30 岁的子表

月薪	健康状况	买车意向
<3 000	好	不买
<3 000	不好	不买
≥3 000	不好	买
≥3 000	好	买

表 14.3　年龄在 30～60 岁的子表

月薪	健康状况	买车意向
<3 000	好	买
≥3 000	好	买
≥3 000	不好	买

对表 14.2 进一步按照上述四项进行决策前后的信息量变化计算，即计算决策与结果之间的平均互信息量。决策前信息熵为 $H_2(X) = H\left(\frac{1}{2}, \frac{1}{2}\right) = 1\text{bit}$。决策后的不确定性分别为

$$H_2(X|Z) = 0.5H(0,1) + 0.5H(1,0) = 0\text{bit}$$

$$H_2(X|M) = 0.5H(0.5,0.5) + 0.5H(0.5,0.5) = 1\text{bit} \tag{14.3}$$

则第二次决策增益为

$$G_2(Z) = H_2(X) - H_2(X|Z) = 1\text{bit}$$

$$G_2(M) = H_2(X) - H_2(X|M) = 0\text{bit} \tag{14.4}$$

表 14.4　年龄 >60 岁的子表

月薪	健康状况	买车意向
<3 000	好	买
<3 000	不好	不买
≥3 000	不好	不买

于是得到第一个分支对应的第二级决策树,如图 14.2 所示。

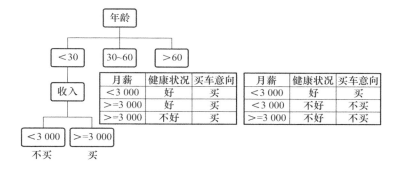

图 14.2 第一个分支的第二级决策

按照完全类似的思想,最终可以得到完整的决策树,如图 14.3 所示。

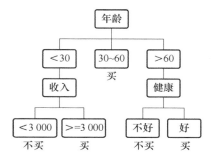

图 14.3 完整决策树

14.2 实验说明

14.2.1 实验目的

(1)掌握平均互信息与决策增益的关系;
(2)掌握利用平均互信息建立决策树的方法。

14.2.2 实验内容

(1)编制数据样本的决策增益函数;
(2)编程实现决策树模型;
(3)利用建立的决策树模型对测试样本进行分类判决。

14.2.3 基本要求

编制决策树模型生成程序,利用训练样本建立决策树,采用交叉验证的方法,对测试样本进行分类判决,并对分类结果的正确性进行分析。

14.2.4 实验步骤

(1) 程序准备：
- 编写输入样本与分类矩阵之间的转换函数 data_convert. m;
- 编写决策增益函数 get_gain. m;
- 编写决策树建模函数 create_tree. m;
- 编写决策树模型打印函数 print_tree. m;
- 编写决策树预测函数 tree_predict. m;
- 编写主函数 data_main. m,载入数据,建立决策树模型,调用决策树模型打印函数,输出决策树模型;
- 编写主函数 CarEvaluation_main. m,建立决策树模型,对指定输入样本进行分类判决。

(2) 载入表 14.1 中的样本库,调用决策树建模函数进行决策树建模,并调用决策树模型打印函数,得到图 14.4 所示的决策树模型。

(3) 下载并载入文献[12]中的汽车特性评估数据集,该数据集将汽车分为四类,其包含 6 个属性,1 728 个样本,每个属性对应有若干个属性值。调用决策树建模函数对训练集数据进行决策树建模。

(4) 采用交叉验证的方法,将汽车特性评估数据集分为训练集和测试集,调用决策树建模函数对训练集进行决策树建模,并利用建立的决策树模型对测试集进行分类判决,对判决结果进行精度分析,多次试验得到该决策树的判决正确率为 90% 左右。

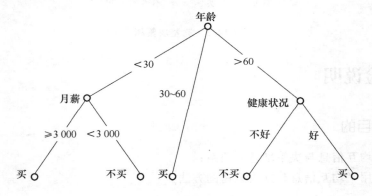

图 14.4 决策树模型

14.2.5 参考代码

```
1    %%%%%%%%%%%%%%% data_main .m %%%%%%%%%%%%%%%%%
2    clear all ;
3    close all ;
4    clc ;
5
6    file_name = 'data . xlsx' ;
7    [∼ ,∼ , data_raw ] = xlsread ( file_name ) ;
```

```
8    [ n_sample , n_feature ] = size ( data_raw ) ;
9    n_sample = n_sample − 1 ;
10   n_feature = n_feature − 1 ;
11
12   % Convert numbers in data to characters
13   ifnum = cellfun ( @ isnumeric , data_raw ) ;
14   if ∼isempty( ifnum )
15       for i_sample = 1 : n_sample + 1
16           for i_feature = 1 : n_feature + 1
17               if isnumeric ( data_raw{i_sample , i_feature})
18                   data_raw{i_sample , i_feature} = num2str( data_raw{i_sample , i_feature}) ;
19               end
20           end
21       end
22   end
23
24   % Categorize and label features
25   [ data , feature , feature_value ] = data_convert ( data_raw ) ;
26
27   % Build the Decision Tree
28   global node_count
29   node_count = 0 ;
30   [ node ] = create_tree ( data , feature , feature_value ) ;
31
32   % Print the Decision Tree
33   global tree tree_value tree_parent x_pv y_pv
34   tree = [ ] ;
35   tree_value = {};
36   tree_parent = {};
37   x_pv = [ ] ;
38   y_pv = [ ] ;
39   print_tree ( node ) ;
40   treeplot ( tree ) ;
41
42   % Mark nodes and feature values
43   [ x , y ] = treelayout ( tree ) ;
44   x = x' ;
45   y = y' ;
46   plot_featurevalue ( node , x , y ) ;
47   text ( x , y , tree_value ,'VerticalAlignment','bottom','HorizontalAlignment','right',...
     'FontName','FixedWidth')
```

```
48   text ( x_pv , y_pv , tree_parent ,'VerticalAlignment','bottom','HorizontalAlignment','right
     ',...'FontName','FixedWidth')
49   % title ( native2unicode ([190  246  178  223  202  247]) ,'FontSize', 12 ,'FontName','
     FixedWidth') ;
50   axis off
```

```
1    %%%%%%%%%%%%% CarEvaluation_main . m %%%%%%%%%%%%%%%%%
2    clear all ;
3    close all ;
4    clc ;
5
6    file_name =   'CarEvaluationDatabase . xlsx';
7    [~ ,~ , data_raw ] = xlsread ( file_name ) ;
8    [ n_sample , n_feature ] = size ( data_raw ) ;
9    n_sample = n_sample - 1;
10   n_feature = n_feature - 1;
11
12   % Convert numbers in data to characters
13   ifnum = cellfun ( @ isnumeric , data_raw ) ;
14   if ~ isempty( ifnum )
15       for i_sample = 1 : n_sample + 1
16           for i_feature = 1 : n_feature + 1
17               if isnumeric ( data_raw{i_sample , i_feature})
18                   data_raw{i_sample , i_feature} = num2str( data_raw{i_sample , i_feature}) ;
19               end
20           end
21       end
22   end
23
24   % Categorize and label features
25   [ data , feature , feature_value ] = data_convert ( data_raw ) ;
26
27   % Build the Decision Tree
28   global node_count
29   node_count = 0 ;
30   [ node ] = create_tree ( data , feature , feature_value ) ;
31
32   % Use cross-validation method to calculate the correct rate of the Decision Tree
33   INDICES = crossvalind ('Kfold', n_sample , 10 ) ;
34   count_correct = 0 ;
35   for k = 1:10
36       train_data = data ( INDICES ~ = k , : ) ;
```

```
37        test_data = data_raw ( INDICES = = k , : ) ;
38        [ node ] = create_tree ( train_data , feature , feature_value ) ;
39        [ test_label , count ] = tree_predict ( node , feature , test_data ) ;
40        count_correct = count_correct + count ;
41   end
42   correct_rate = count_correct/n_sample ;
```

```
1    function [ data , feature , feature_value ] = data_convert ( data_raw )
2    [ n_sample , n_feature ] = size ( data_raw ) ;
3    n_sample = n_sample - 1;
4    n_feature = n_feature - 1;
5
6    feature = data_raw ( 1 , 1 : n_feature ) ;
7    feature_value = {} ;
8    count_feature = zeros ( 1 , n_feature + 1);
9    data = zeros ( n_sample , n_feature + 1);
10   for i = 1 : n_feature + 1
11       value_temp = unique ( data_raw ( 2 : end , i) ) ;
12       feature_value{i} = value_temp ;
13       count_feature ( 1 , i) = length ( value_temp ) ;
14
15       for j = 2 : n_sample + 1
16           for i_value = 1 : length ( value_temp )
17               if isequal ( data_raw{j , i} , value_temp{i_value})
18                   data ( j - 1,i) = i_value ;
19                   break ;
20               end
21           end
22       end
23   end
24   end
```

```
1    function [ node ] = create_tree ( data , feature , feature_value )
2    global node_count
3    node_count = node_count + 1;
4
5    [ m , n ] = size ( data ) ;
6    label_distinct = unique ( data ( : , n) ) ;
7    if length ( label_distinct ) = = 1
8        most_label = label_distinct ;
9    else
10       label_frequency = hist ( data ( : , n) , label_distinct ) ;
11       [ ~ , most_label_order ] = max( label_frequency ) ;
```

```
12       most_label = label_distinct ( most_label_order ) ;
13    end
14    node = struct ( 'value' , 'null' , 'name' , 'null' , 'ParentFeature' , 'null' , '
15                ParentFeatureValue' , 'null' , . . . 'TreeAddress' , node_count , '
16                ParentAddress' , 0 , 'children' , [ ] ) ;
17    temp_type = data ( 1 , n ) ;
18    sameclass = true ;
19    for i = 1 : m
20       if temp_type ~ = data ( i , n )
21          sameclass = false ;
22       end
23    end
24    if sameclass = = true
25       node . value = feature_value{end}{data ( 1 , n ) } ;
26       return ;
27    end
28
29    if isempty( feature )
30       node . value = feature_value{end}{most_label } ;
31       return ;
32    end
33
34    infor_gain = get_gain ( data ) ;
35    [ ~ , best_featureColumn ] = max( infor_gain ) ;
36    best_feature = data ( : , best_featureColumn ) ;
37    best_feature_distinct = unique ( best_feature ) ;
38    num_value = length ( best_feature_distinct ) ;
39    node . name = feature{best_featureColumn } ;
40    feature ( best_featureColumn ) = [ ] ;
41    feature_value_temp = feature_value{best_featureColumn } ;
42    feature_value ( best_featureColumn ) = [ ] ;
43
44    for i = 1 : num_value
45       bach_node = struct('value','null','name','null','ParentFeature','null',...
46                'ParentFeatureValue' , 'null' , 'children' , [ ] ) ;
47       child_data = data ( best_feature = = best_feature_distinct ( i ) , : ) ;
48       child_data ( : , best_featureColumn ) = [ ] ;
49       if isempty( child_data )
50          bach_node . value = feature_value ( most_label ) ;
51          bach_node . ParentFeature = node . name ;
52          bach_node . ParentFeatureValue = feature_value_temp{best_feature_distinct ( i ) } ;
53          bach_node . ParentAddress = node . TreeAddress ;
```

```
54        node . children{i} = bach_node ;
55        return ;
56     else
57        bach_node = create_tree ( child_data , feature , feature_value ) ;
58        bach_node . ParentFeature = node . name ;
59        bach_node . ParentFeatureValue = feature_value_temp{best_feature_distinct ( i ) };
60        bach_node . ParentAddress = node . TreeAddress ;
61        node . children{i} = bach_node ;
62     end
63 end
64
65 end
```

```
1  function  [ gain ] = get_gain ( data )
2  [ m , n ] = size ( data ) ;
3  gain = zeros ( 1 , n − 1);
4  label = data ( : , n) ;
5  label_distinct = unique ( label ) ;
6  label_frequency = hist ( label ,   label_distinct )   /   m ;
7  entropy_label = − sum( label_frequency . *   log2 ( label_frequency ) ) ;
8
9  for   i_feature = 1 : n − 1
10        entropy_feature = 0 ;
11        feature_value = data ( : , i_feature ) ;
12        feature_distinct = unique ( feature_value ) ;
13        for   i_value = 1 : length ( feature_distinct )
14            i_value_label = data ( feature_value = = feature_distinct ( i_value ) , n) ;
15            i_value_label_distinct = unique ( i_value_label ) ;
16            if length ( i_value_label_distinct ) = = 1
17                entropy_feature_i = 0 ;
18            else
19                i_value_label_frequency = hist ( i_value_label , i_value_label_distinct ) / . .
. length ( i_value_label ) ;
20                entropy_feature_i = − sum( i_value_label_frequency . *   log2 ( i_value_label_
frequency ) ) ;
21                end
22            entropy_feature = entropy_feature + length ( i_value_label )/m *   entropy_
feature_i ;
23        end
24        gain ( 1 , i_feature ) = entropy_label − entropy_feature ;
25 end
26 end
```

```
1   function print_tree ( node )
2   global tree tree_value
3
4   tree ( node . TreeAddress ) = node . ParentAddress ;
5
6   if isequal ( node . value , 'null' )
7       tree_value{node . TreeAddress} = node . name ;
8   else
9       tree_value{node . TreeAddress} = node . value ;
10  end
11
12  if ~isempty( node . children )
13      for i_child = 1 : length ( node . children )
14          print_tree ( node . children{i_child})
15      end
16  end
```

```
1   function plot_featurevalue ( node , x , y)
2   global tree_parent x_pv y_pv
3
4   if ~isequal ( node . ParentFeature , 'null' )
5       x_pv ( node . TreeAddress ) = ( x( node . TreeAddress ) + x( node . ParentAddress ) ) /2;
6       y_pv ( node . TreeAddress ) = ( y( node . TreeAddress ) + y( node . ParentAddress ) ) /2;
7       tree_parent{node . TreeAddress} = node . ParentFeatureValue ;
8   end
9
10  if ~isempty( node . children )
11      for i_child = 1 : length ( node . children )
12          plot_featurevalue ( node . children{i_child } , x , y) ;
13      end
14  end
15  end
```

```
1   function  [ test_label , count ] = tree_predict ( node , feature , test )
2   n_feature = length ( feature ) ;
3   test_labelture = test ( : , end) ;
4   test_label = cell ( size ( test , 1 ) , 1 ) ;
5   count = 0 ;
6
7   for  i_test = 1 : size ( test , 1 )
8       node_now = node ;
9       for i_feature = 1 : n_feature
10          if isequal ( node_now . name , 'null' )
```

```
11              test_label{i_test} = node_now . value ;
12              break ;
13         else
14              feature_position = ismember ( feature , node_now . name ) ;
15      feature_now = test{i_test , feature_position };
16
17          for i_child = 1 : length ( node_now . children )
18              if isequal(node_now.children{i_child}.ParentFeatureValue,feature_now)
19                  node_now = node_now . children{i_child };
20                  break ;
21              end
22          end
23      end
24  end
25
26  if isequal ( test_label{i_test } , test_labelture{i_test})
27      count = count + 1;
28  end
29 end
```

第 15 章　机器学习中交叉熵的应用

15.1　基本原理

交叉熵(Cross Entropy)是信息论中的一个重要概念,主要用于度量两个概率分布间的差异性信息。在深度学习中,交叉熵常被用于求真实值与预测值的差距,作为损失函数,衡量真实分布与预测分布的相似性。

15.1.1　交叉熵的定义

对于某一个事件,存在 n 种可能性,每一种可能性都有其发生的概率,于是某一种可能性的信息量就可以被计算出来。我们用熵来表示所有信息量的期望,即:

$$H(X) = -\sum_{i=1}^{n} p_i \log p_i \tag{15.1}$$

如果对于同一个随机变量 x,有两个单独的概率分布 $p(x)$ 和 $q(x)$,那么我们可以通过计算相对熵(KL 散度)来衡量这两个概率分布的差异。KL 散度的计算公式为:

$$D_{KL}(p \parallel q) = -\sum_{i=1}^{n} p_i \log \frac{p_i}{q_i} \tag{15.2}$$

其中 n 为事件的所有可能性。相对熵的值越小,表明 $p(x)$ 和 $q(x)$ 这两个概率分布越接近。

在机器学习中,$p(x)$ 往往用来表示样本的真实分布,$q(x)$ 则表示模型预测的分布,此时 KL 散度也可以理解为真实分布相对于预测分布的信息增量。而机器学习的目的就是使得训练后的模型预测出的分布尽可能地接近样本的真实分布,也就是使得信息增量尽可能小。所以在训练过程中,可以通过最小化 KL 散度来使得预测分布尽可能接近真实分布[12]。

对式(15.2)进行进一步变形可以得到

$$D_{KL}(p \parallel q) = \sum_{i=1}^{n} p_i \log p_i - \sum_{i=1}^{n} p_i \log q_i = -H(p(x)) - \sum_{i=1}^{n} p_i \log q_i \tag{15.3}$$

容易看出,等式右侧的前一部分为概率分布 $p(x)$ 的熵,而后一部分,就是交叉熵:

$$H(p, q) = -\sum_{i=1}^{n} p_i \log q_i \tag{15.4}$$

由于样本的真实分布 $p(x)$ 固定且唯一,所以概率分布 $p(x)$ 的熵是固定不变的。那么在机器学习的优化过程中,我们只需要关注交叉熵,所以一般在机器学习中,我们直接采用交叉熵作为损失函数。

15.1.2　基于交叉熵的图像分类

近年来,随着计算机技术的大幅度进步,机器学习飞速发展,在各个领域都取得了不小的成就。在图像分类问题中,机器学习发挥了很大的作用,目前这类问题大多通过构建并训练卷积神经网络进行分类。

神经网络是一种模仿生物神经网络的结构和功能的数学模型。它由大量的神经元和神经元之间相互的联结构成,一般包括输入层、隐藏层和输出层。神经元是一个有多个输入和一个输出的有计算功能的模型,其对输入进行加权叠加后经过一个激活函数得到输出[13]。

图 15.1 为一个神经元模型,该神经元的输出为

$$a = \sigma(\sum_j \omega_j x_j + b) \tag{15.5}$$

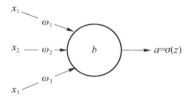

图 15.1　神经元模型

其中,$\sigma(\cdot)$ 为激活函数。神经网络的输出层多采用 sigmoid 函数或 softmax 函数作为分类函数。对于单标签多类别的图像分类问题,输出层一般选用 softmax 函数,其对应的损失函数为交叉熵损失函数。softmax 函数的定义为

$$a_i = \frac{e^{z_i}}{\sum_k e^{z_k}} \tag{15.6}$$

在分类问题中,若共有 n 类,则 softmax 输出层有 n 个输入和 n 个输出,n 个输出的和为1,分别对应每类的概率。

神经网络的训练过程主要包含前向传播和反向传播。前向传播就是利用权值矩阵 ω 和偏置向量 b 来和输入向量 X 进行一系列线性运算和激活运算,从输入层开始,一层层地向后计算,一直到运算到输出层,得到输出结果。反向传播则需要确定一个损失函数,通过对损失函数进行优化,反向不断对一系列权值矩阵 ω 和偏置向量 b 进行更新,直至网络计算出的输出尽可能等于或接近样本输出,达到预期效果。在图像多分类问题中,反向传播过程中多采用交叉熵作为损失函数,利用梯度下降法对网络参数进行更新迭代[14]。即损失函数为:

$$L = -\sum_i y_i \ln a_i \tag{15.7}$$

采用梯度下降法对网络参数进行更新时,需要对损失函数进行求导

$$\frac{\partial L}{\partial \omega_{ij}} = \frac{\partial L}{\partial z_i} \frac{\partial z_i}{\partial \omega_{ij}} = \frac{\partial L}{\partial z_i} x_{ij}$$

$$\frac{\partial L}{\partial b_i} = \frac{\partial L}{\partial z_i} \frac{\partial z_i}{\partial b_i} = \frac{\partial L}{\partial z_i} \tag{15.8}$$

根据链式法则,有

$$\frac{\partial L}{\partial z_i} = \sum_j \left(\frac{\partial L}{\partial a_j} \frac{\partial a_j}{\partial z_i} \right) = -\sum_j \left(\frac{y_j}{a_j} \frac{\partial a_j}{\partial z_i} \right) \tag{15.9}$$

下面分两种情况推导 $\frac{\partial a_j}{\partial z_i}$。

（1）如果 $i=j$：

$$\frac{\partial a_j}{\partial z_i} = \frac{\sum_k e^{z_k} e^{z_i} - (e^{z_i})^2}{(\sum_k e^{z_k})^2} = a_i(1-a_i) \tag{15.10}$$

（2）如果 $i \neq j$：

$$\frac{\partial a_j}{\partial z_i} = -e^{z_i}(\frac{1}{\sum_k e^{z_k}})^2 e^{z_j} = -a_i a_j \tag{15.11}$$

所以有

$$\begin{aligned}
\frac{\partial L}{\partial z_i} &= -\sum_j \frac{y_j}{a_j}\frac{\partial a_j}{\partial z_i} \\
&= -\frac{y_i}{a_i}[a_i(1-a_i)] - \sum_{j \neq i}\frac{y_j}{a_j}(-a_i a_j) \\
&= -y_i(1-a_i) + \sum_{j \neq i}a_i y_j \\
&= a_i \sum_j y_j - y_i
\end{aligned} \tag{15.12}$$

对于分类问题，一定有 $\sum_j y_j = 1$，所以有

$$\frac{\partial L}{\partial z_i} = a_i - y_i \tag{15.13}$$

则

$$\frac{\partial L}{\partial \omega_{ij}} = (a_i - y_i)x_{ij}$$
$$\frac{\partial L}{\partial b_i} = a_i - y_i \tag{15.14}$$

通过设定步长，可不断迭代更新网络参数，直至损失函数达到最优或达到最大训练次数。

15.2　实验说明

15.2.1　实验目的

（1）掌握交叉熵的计算方法和实际意义；
（2）编程实现基于交叉熵的图像分类算法。

15.2.2　实验内容

（1）编写神经网络前向传播、反向传播函数；
（2）编写网络训练函数；
（3）利用训练样本训练网络；
（4）利用训练好的网络对测试样本进行分类判决。

15.2.3　基本要求

构建以交叉熵为损失函数的神经网络模型，利用训练样本集训练网络，并对测试样本进行

分类判决,分析判决正确率。

15.2.4　实验步骤

(1)程序准备:

- 编写神经网络初始化函数 nnsetup.m;
- 编写网络前向传播函数 nnff.m;
- 以交叉熵作为损失函数,采用梯度下降法,编写网络反向传播函数 nnbp.m 和更新网络参数的函数 nnapplygrads.m;
- 编写网络预测函数 nnpredict.m;
- 调用网络预测函数编写训练集测试函数 nntest.m;
- 调用网络前向传播、反向传播和更新参数的函数编写网络训练函数 nntrain.m,并调用训练集测试函数计算每个训练周期的训练集分类错误率;
- 编写主函数 main_NN.m,调整网络参数,利用网络训练函数训练网络模型,记录每个训练周期的损失函数和训练集预测错误率,并调用预测函数对测试样本进行分类判决。

(2)导入手写数字数据集 mnist_uint8.mat,该数据集包含 60 000 张训练图像和 10 000 张测试图像。调用主函数,设置网络参数,调用网络训练函数训练神经网络,得到交叉熵损失函数随训练周期数的变化如图 15.2 所示,训练集的分类错误率随训练周期数的变化如图 15.3 所示[15]。

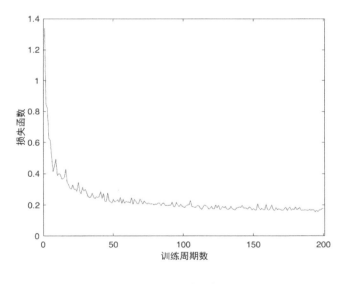

图 15.2　损失函数

(3)载入测试图像,调用网络预测函数,利用训练好的神经网络模型,完成分类判决,对判断结果进行精度分析,多次试验得到网络的判决正确率为 93% 左右。

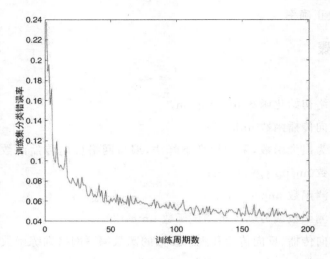

图 15.3   训练集分类错误率

15.2.5   参考代码

```
1    %%%%%%%%%%%%% main_NN.m %%%%%%%%%%%%%%%%%%
2    clear all ;
3    close all ;
4    clc ;
5
6    % Get training set and test set
7    load mnist_uint8 ;
8    train_x = double ( train_x ) / 255;
9    test_x = double ( test_x ) / 255;
10   train_y = double ( train_y ) ;
11   test_y = double ( test_y ) ;
12
13   % Initialize the network
14   rand( 'state' , 0 )
15   nn = nnsetup ([784 20 10 ]) ;
16   opts . numepochs      = 200;          % Number of full sweeps through data
17   opts . batchsize      = 500;          % Take a mean gradient step over this many samples
18   opts . plot           = 1 ;           % enable plotting
19
20   % Use the training set to train the network
21   nn = nntrain ( nn , train_x , train_y , opts ) ;
22
23   % Calculate the prediction accuracy of the network
24   [ er , bad ] = nntest ( nn , test_x , test_y ) ;
25   assert ( er < 0 . 1 , 'Too big error' ) ;
```

```matlab
1   function nn = nnsetup ( architecture )
2   % NNSETUP creates a Feedforward Backpropagate Neural Network
3   % nn = nnsetup( architecture ) returns an neural network structure with n = numel( architecture )
4   % layers , architecture being a n x 1 vector of layer sizes e . g . [784  100  10]
5
6       nn . size = architecture ;
7       nn . n = numel ( nn . size ) ;
8       %   Activation functions of hidden layers : 'sigm' or 'tanh_opt' .
9       nn . activation_function      = 'tanh_opt' ;
10      nn . learningRate             = 2 ;
11      nn . momentum                 = 0.5 ;
12      nn . scaling_learningRate     = 1 ;              % Scaling factor for the learning rate ( each
                epoch)
13      nn . weightPenaltyL2          = 0 ;              % L2 regularization
14      nn . nonSparsityPenalty       = 0 ;              % Non sparsity penalty
15      nn . sparsityTarget           = 0. 05 ;          % Sparsity target
16      nn . inputZeroMaskedFraction  = 0 ;              % Used for Denoising AutoEncoders
17      nn . dropoutFraction          = 0 ;              % Dropout level
18      nn . testing                  = 0 ;              % Internal variable . nntest sets this to one .
19      nn . output                   ='softmax';       % output unit 'sigm' ( = logistic ) , 'softmax
            'and' linear '
20
21      for i = 2 : nn . n
22          % weights and weight momentum
23          nn . W{i-1} = ( rand( nn . size ( i ) , nn . size ( i-1)+1) - 0 . 5 ) * 2 * 4 * . . .
24                  sqrt (6 / ( nn . size ( i ) + nn . size ( i-1) ) ) ;
25          nn . vW{i-1} = zeros ( size ( nn . W{i-1}) ) ;
26
27          % average activations ( for use with sparsity )
28          nn . p{i}  = zeros ( 1 , nn . size ( i ) ) ;
29      end
30  end
```

```matlab
1   function [ nn , L ] = nntrain ( nn , train_x , train_y , opts , val_x , val_y )
2   % NNTRAINtrains a neural net
3   % [nn, L] = nnff (nn , x , y , opts ) trains the neural network nn with input x and
4   % output y for opts . numepochs epochs , with minibatches of size
5   % opts . batchsize . Returns a neural network nn with updated activations ,
6   % errors , weights and biases , (nn . a , nn . e , nn. W, nn. b) and L. 7
7
8   assert ( isfloat ( train_x ) ,'train_x must be a f loat' ) ;
9   assert( nargin == 4 | | nargin ==6 ,'number of input arguments must be 4 or 6' )
```

```
10
11   loss . train . e              = [ ] ;
12   loss . train . e_frac         = [ ] ;
13   loss . val . e                = [ ] ;
14   loss . val . e_frac           = [ ] ;
15   opts . validation = 0 ;
16   i fnargin = = 6
17       opts . validation = 1 ;
18   end
19
20   fhandle = [ ] ;
21   if isfield ( opts ,'plot') && opts . plot = = 1
22       fhandle = figure () ;
23   end
24
25   m = size ( train_x , 1 ) ;
26
27   batchsize = opts . batchsize ;
28   numepochs = opts . numepochs ;
29
30   numbatches = m / batchsize ;
31
32   assert (rem( numbatches , 1) = = 0 ,' numbatches must be a integer') ;
33
34   L = zeros ( numepochs * numbatches , 1 ) ;
35   n = 1 ;
36   for i = 1 : numepochs
37       tic ;
38
39       kk = randperm( m) ;
40       forl = 1 : numbatches
41           batch_x = train_x ( kk (( 1-1) * batchsize + 1 : 1 * batchsize ) , : ) ;
42
43           % Add noise to input ( for use in denoising autoencoder )
44           if ( nn . inputZeroMaskedFraction ~ = 0)
45               batch_x = batch_x . * ( rand( size ( batch_x ) )>nn . inputZeroMaskedFraction ) ;
46           end
47
48           batch_y = train_y ( kk (( 1-1) * batchsize + 1 : 1 * batchsize ) , : ) ;
49
50           nn = nnff ( nn , batch_x , batch_y ) ;
51           nn = nnbp ( nn) ;
```

```
52          nn = nnapplygrads ( nn ) ;
53
54          L( n ) = nn . L ;
55
56          n = n + 1 ;
57      end
58
59      t = toc ;
60
61      if opts . validation = = 1
62          loss = nneval ( nn , loss , train_x , train_y , val_x , val_y ) ;
63          str_perf = sprintf ( ' ; Full-batch train mse = % f , val mse = % f ' , . . . loss . train .
    e(end) , loss . val . e(end) ) ;
64      else
65          loss = nneval ( nn , loss , train_x , train_y ) ;
66          str_perf = sprintf ( ' ; Full-batch train err = % f ' , loss . train . e(end) ) ;
67      end
68      if ishandle ( fhandle )
69          nnupdatefigures ( nn , fhandle , loss , opts , i) ;
70      end
71
72      disp ( [ 'epoch' num2str( i) '/' num2str( opts . numepochs ) '. Took ' num2str( t) ' seconds . ' str
    _perf ] ) ;
73      nn . learningRate = nn . learningRate * nn . scaling_learningRate ;
74  end
75  end
```

```
1   function nn = nnff ( nn , x , y )
2   % NNFF performs a feedforward pass
3   % nn = nnff (nn, x , y) returns an neural network structure with updated
4   % layer activations , error and loss (nn. a , nn. e and nn. L)
5
6       n = nn . n ;
7       m = size ( x , 1 ) ;
8
9       x = [ ones ( m , 1 ) x ] ;
10      nn . a{1} = x ;
11
12      % feedforward pass
13      for i = 2 : n − 1
14          switch nn . activation_function
15              case ' sigm '
```

```
16              % Calculate the unit's outputs ( including the bias term)
17                  nn . a{i} = sigm ( nn . a{i - 1} * nn . W{i - 1}') ;
18          case'tanh_opt'
19                  nn . a{i} = tanh_opt ( nn . a{i - 1} * nn . W{i - 1}') ;
20          end
21
22          % dropout
23          if ( nn . dropoutFraction > 0)
24              if ( nn . testing )
25                  nn . a{i} = nn . a{i}. * (1 - nn . dropoutFraction ) ;
26              else
27                  nn . dropOutMask{i} = ( rand( size ( nn . a{i}) ) > nn . dropoutFraction ) ;
28                  nn . a{i} = nn . a{i}. * nn . dropOutMask{i} ;
29              end
30          end
31
32          % calculate running exponential activations for use with sparsity
33          if ( nn . nonSparsityPenalty > 0)
34              nn . p{i} = 0.99 * nn . p{i} + 0.01 * mean( nn . a{i} , 1) ;
35          end
36
37          % Add the bias term
38          nn . a{i} = [ ones ( m , 1) nn . a{i} ] ;
39      end
40      switch nn . output
41          case'sigm'
42              nn . a{n} = sigm ( nn . a{n - 1} * nn . W{n - 1}') ;
43          case'l inear'
44              nn . a{n} = nn . a{n - 1} * nn . W{n - 1}';
45          case'softmax'
46              nn . a{n} = nn . a{n - 1} * nn . W{n - 1}';
47              nn . a{n} = exp( bsxfun ( @minus , nn . a{n} , max( nn . a{n} , [ ] , 2) ) ) ;
48              nn . a{n} = bsxfun ( @rdivide , nn . a{n} , sum( nn . a{n} , 2) ) ;
49          end
50
51          % error and loss
52          nn . e = y - nn . a{n} ;
53
54          switch nn . output
55              case { 'sigm' , 'l inear'}
56                  nn . L = 1/2 * sum(sum( nn . e . ^ 2) ) / m ;
57              case'softmax'
```

```
58                    nn . L = - sum(sum( y . * log ( nn . a{n}) ) ) / m ;
59        end
60  end
```

```
1   function nn = nnbp ( nn)
2   % NNBP performs backpropagation
3   % nn = nnbp(nn) returns an neural network structure with updated weights
4       n = nn . n ;
5       sparsityError = 0 ;
6       switch nn . output
7           case 'sigm'
8               d{n} = - nn . e . * ( nn . a{n} . * (1 - nn . a{n}) ) ;
9           case { 'softmax' , 'l inear'}
10              d{n} = - nn . e ;
11      end
12      for i = (n - 1)   : - 1  :   2
13          % Derivative of the activation function
14          switch nn . activation_function
15              case 'sigm'
16                  d_act = nn . a{i} . * (1 - nn . a{i}) ;
17              case 'tanh_opt'
18                  d_act = 1.7159 * 2/3 * (1 - 1/(1.7159)^2 * nn . a{i}.^2) ;
19          end
20
21          if ( nn . nonSparsityPenalty>0)
22              pi = repmat ( nn . p{i} , size ( nn . a{i} , 1) , 1) ;
23              sparsityError = [ zeros ( size ( nn . a{i} ,1) , 1 ) nn . nonSparsityPenalty * ...
24                          ( - nn.sparsityTarget./  pi + (1 - nn.sparsityTarget)./(1 - pi))] ;
25          end
26
27          if i + 1 = = n
28              d{i} = ( d{i + 1} * nn . W{i} + sparsityError ) . * d_act ;
29          else
30              d{i} = ( d{i + 1}(: , 2 : end) * nn . W{i} + sparsityError ) . * d_act ;
31          end
32
33          if ( nn . dropoutFraction>0)
34                  d{i} = d{i} . * [ ones ( size ( d{i} ,1) , 1 ) nn . dropOutMask{i } ] ;
35          end
36
37      end
38
```

```
39      for i = 1 : ( n - 1 )
40          if i + 1 = = n
41              nn . dW{i} = ( d{i + 1}' * nn . a{i}) / size ( d{i + 1} , 1) ;
42          else
43              nn . dW{i} = ( d{i + 1}(: , 2 : end)' * nn . a{i}) / size ( d{i + 1} , 1) ;
44          end
45      end
46  end
```

```
1   function nn = nnapplygrads ( nn )
2   % NNAPPLYGRADS updates weights and biases with calculated gradients
3   % nn = nnapplygrads(nn) returns an neural network structure with updated
4   % weights and biases
5
6       for i = 1 : ( nn . n - 1 )
7           if ( nn . weightPenaltyL2 > 0 )
8               dW = nn . dW{i} + nn . weightPenaltyL2 * [ zeros ( size ( nn . W{i} ,1) , 1 ) nn . W
{i} ( : , 2 : end) ] ;
9           else
10              dW = nn . dW{i} ;
11          end
12
13          dW = nn . learningRate * dW ;
14
15          if ( nn . momentum > 0 )
16              nn . vW{i} = nn . momentum * nn . vW{i} + dW ;
17              dW = nn . vW{i} ;
18          end
19
20          nn . W{i} = nn . W{i} - dW ;
21      end
22  end
```

```
1   function nnupdatefigures ( nn , fhandle , L , opts , i)
2   % NNUPDATEFIGURES updates f igures during training
3   if i > 1
4       x_ax = 1 : i ;
5       % create legend
6       if opts . validation = = 1
7           M               = { 'Training' , 'Validation' };
8       else
9           M               = { 'Training' };
10      end
```

```
11
12      % create data for plots
13      if strcmp( nn . output ,'softmax')
14          plot_x                = x_ax';
15          plot_ye               = L . train . e';
16          plot_yfrac            = L . train . e_frac';
17
18      else
19          plot_x                = x_ax';
20          plot_ye               = L . train . e';
21      end
22
23      % add error on validation data if present
24      if opts . validation = = 1
25          plot_x                = [ plot_x , x_ax'] ;
26          plot_ye               = [ plot_ye , L . val . e'] ;
27      end
28
29      % add classification error on validation data
30      if present i f opts . validation = = 1 && strcmp( nn . output ,'softmax')
31          plot_yfrac = [ plot_yfrac , L . val . e_frac'] ;
32      end
33
34      % plotting
35      figure ( fhandle ) ;
36      if strcmp( nn . output ,'softmax') % also plot classification error
37
38          p1 = subplot ( 1 , 2 , 1 ) ;
39          plot ( plot_x , plot_ye ) ;
40          xlabel ( native2unicode ([209  181  193  183  214  220  198  218  202  253]) , . . .
                  'FontName','FixedWidth') ;
41          ylabel ( native2unicode ([203  240  202  167  186  175  202  253]) ,'FontName
                  ','FixedWidth') ;
42          title ( native2unicode ([189  187  178  230  236  216  203  240  202  167  186  175
                  202  253]) , . . .
43              'FontName','FixedWidth')
44      legend ( p1 , M ,'Location','NorthEast') ;
45      set ( p1 ,'Xlim', [ 0 , opts . numepochs + 1 ])
46
47      p2 = subplot ( 1 , 2 , 2 ) ;
48          plot ( plot_x , plot_yfrac ) ;
49          xlabel ( native2unicode ([209  181  193  183  214  220  198  218  202  253]) ,
                  'FontName','FixedWidth') ;
```

```
50        ylabel ( native2unicode ([ 209  181  193  183  188  175  183  214  192  224  180 ...
51            237  206  243  194  202]) ,'FontName','FixedWidth') ;
52        title ( native2unicode ([183  214  192  224  180  237  206  243  194  202]) , . . .
53            'FontName','FixedWidth')
54        legend ( p2 , M ,'Location','NorthEast') ;
55        set ( p2 ,'Xlim',[ 0 , opts . numepochs + 1 ])
56
57    else
58        p = plot ( plot_x , plot_ye ) ;
59        xlabel ('Number of epochs') ; ylabel ('Error') ; title ('Error') ;
60        legend ( p , M ,'Location','NorthEast') ;
61        set ( gca ,'Xlim',[ 0 , opts . numepochs + 1 ])
62    end
63    drawnow;
64 end
65 end
```

```
1 function labels = nnpredict ( nn , x)
2    nn . testing = 1 ;
3    nn = nnff ( nn , x , zeros ( size ( x , 1 ) , nn . size (end) ) ) ;
4    nn . testing = 0 ;
5
6    [~ ,   i ] = max( nn . a{end } ,[ ] , 2 ) ;
7    labels = i ;
8 end
```

```
1 function [ er , bad ] = nntest ( nn , x , y)
2    labels = nnpredict ( nn , x) ;
3    [~ , expected ] = max( y ,[ ] , 2 ) ;
4    bad = find ( labels ~ = expected ) ;
5    er = numel ( bad ) / size ( x , 1 ) ;
6 end
```

```
1 function X = sigm ( P)
2    X = 1. /(1 + exp( - P ) ) ;
3 end
```

```
1 function f = tanh_opt ( A)
2    f = 1.7159 * tanh(2/3. * A) ;
3 end
```

第 16 章　马尔可夫信源的霍夫曼编码

16.1　基本原理

16.1.1　马尔可夫信源

马尔可夫信源是一种有记忆信源，其输出符号序列中符号之间的依赖关系是有限的，任何时刻信源符号的发生概率只与前面已经发出的若干个符号有关，而与其他符号无关。

假如一个马尔可夫信源的符号集为 $A=\{a_1, a_2, \cdots, a_q\}$，输出序列为 $X_1 X_2 \cdots X_N$，其中 $X_i \in A$。其当前输出符号 X_k 只与已经输出的最邻近的 m 个符号有关，而与其他符号无关，即：

$$p(X_k | X_1 X_2 \cdots X_{k-m} X_{k-m+1} \cdots X_{k-1}) = p(X_k | X_{k-m} X_{k-m+1} \cdots X_{k-1}) \tag{16.1}$$

则称该信源为 m 阶马尔可夫信源。我们将信源输出符号序列中相邻的 m 个符号称为状态，各状态的取值构成状态空间 $S=\{s_1, s_2, \cdots, s_J\}$，其中 $J=q^m$。最邻近的 m 个符号组成的状态为 $U_{k-1}=X_{k-m}X_{k-m+1}\cdots X_{k_1}$，$U_{k-1}=S_i$，$i=1,2,\cdots,q^m$。那么式（16.1）等价于

$$p(U_k | U_m U_{m+1} \cdots U_{k-1}) = p(U_k | U_{k-1}) \tag{16.2}$$

所以马尔可夫信源的输出符号概率仅与当前时刻的状态有关，并且信源当前时刻的状态是由输出符号和前一时刻的状态决定的。对于齐次马尔科夫信源，其一步状态概率矩阵 P 为常数，即：

$$P = \begin{bmatrix} p(s_1|s_1) & p(s_2|s_1) & \cdots & p(s_J|s_1) \\ p(s_1|s_2) & p(s_2|s_2) & \cdots & p(s_J|s_2) \\ \vdots & \vdots & \cdots & \vdots \\ p(s_1|s_J) & p(s_2|s_J) & \cdots & p(s_J|s_J) \end{bmatrix} \tag{16.3}$$

若存在 N 使得 P^N 中所有的元素都大于零，则该马尔可夫信源的稳态分布 W 存在，并且满足

$$W = WP \tag{16.4}$$

其中 $W = \begin{bmatrix} p(s_1) & p(s_2) & \cdots & p(s_J) \end{bmatrix}$，$\sum_{i=1}^{J} p(s_i) = 1$。

虽然马尔可夫信源是非平稳信源，但当其进入平稳状态后，信源输出符号的概率与时间无关，可以将其看作平稳信源。

16.1.2　马尔可夫信源编码

假设某一阶马尔可夫信源的符号集为 $A=\{a, b, c\}$，输出序列的转移概率为

$$P = \begin{bmatrix} p(a|a) & p(a|b) & p(a|c) \\ p(b|a) & p(b|b) & p(b|c) \\ p(c|a) & p(c|b) & p(c|c) \end{bmatrix} = \begin{bmatrix} 0 & 0.5 & 0.5 \\ 0.25 & 0.5 & 0.25 \\ 0 & 1 & 0 \end{bmatrix} \tag{16.5}$$

由 $W = WP$，可以计算得到该信源的稳态分布为

$$W = \begin{bmatrix} \dfrac{2}{13} & \dfrac{8}{13} & \dfrac{3}{13} \end{bmatrix} \tag{16.6}$$

该信源的极限熵为

$$H(X) = \frac{2}{13}H(0,0.5,0.5) + \frac{8}{13}H(0.25,0.5,0.25) + \frac{3}{13}H(0,1,0) = \frac{14}{13} \text{bits/s} \tag{16.7}$$

则平稳状态下该信源输出符号概率为

$$\begin{bmatrix} p(a) & p(b) & p(c) \end{bmatrix} = \begin{bmatrix} \dfrac{2}{13} & \dfrac{8}{13} & \dfrac{3}{13} \end{bmatrix} \tag{16.8}$$

分别采用两种方法对该信源进行霍夫曼编码。

1. 方法 1

直接对稳态分布进行霍夫曼编码，得到对应的码组为 $C = \{11, 0, 10\}$，那么平均码长为

$$\bar{l} = \frac{2}{13} \times 2 + \frac{8}{13} \times 1 + \frac{3}{13} \times 2 = \frac{18}{13} \tag{16.9}$$

这种方法的编码效率为

$$\eta = \frac{H(X)}{\bar{l} \log r} = \frac{14}{18} = 77.8\% \tag{16.10}$$

2. 方法 2

考虑当前状态和输出符号的分布，分别在 a，b，c 状态下进行霍夫曼编码，其编码后得到的码字如表 16.1 所示。

表 16.1　编码结果

概率　码字　符号 状态		a		b		c	
a		0	—	0.5	0	0.5	1
b		0.25	10	0.5	0	0.25	11
c		0	—	1	—	0	—

计算得到三种状态下的平均码长

$$\begin{aligned} \bar{l}_a &= 1 \\ \bar{l}_b &= 0.25 \times 2 + 0.5 \times 1 + 0.25 \times 2 = 1.5 \\ \bar{l}_c &= 0 \end{aligned} \tag{16.11}$$

总平均码长为

$$\bar{l} = \frac{2}{13}\bar{l}_a + \frac{8}{13}\bar{l}_b + \frac{3}{13}\bar{l}_c = \frac{2}{13} \times 1 + \frac{8}{13} \times 1.5 = \frac{14}{13} \tag{16.12}$$

编码效率为

$$\eta = \frac{H(X)}{\bar{l}} = 100\% \tag{16.13}$$

例如对输出序列 bbabcbacbbcbacbac，分别用这两种方法进行编码，得到编码结果为

方法 1 输出序列：00110100111000100111001110

方法 2 输出序列：b010011101011101101

对比可知，第二种编码方法利用了马尔可夫信源的相关性，码长更短，编码效率更高。

16.2　实验说明

16.2.1　实验目的

（1）掌握马尔可夫信源的性质；

（2）编程实现马尔可夫信源的霍夫曼编码。

16.2.2　实验内容

（1）编写计算稳态分布的函数；

（2）编程实现方法一的编码和解码；

（3）编程实现方法二的编码和解码。

16.2.3　基本要求

编写利用概率转移矩阵计算稳态分布的函数，分别编程实现两种方法的编码和解码。

16.2.4　实验步骤

（1）程序准备：

- 编写计算稳态分布的函数；
- 对信源的稳态分布进行霍夫曼编码，编写方法一的编码和解码程序；
- 对于不同状态，分别进行霍夫曼编码，编写方法二的编码和解码程序。

（2）构建一步转移概率矩阵为 $P = \begin{bmatrix} 0 & 0.5 & 0.5 \\ 0.25 & 0.5 & 0.25 \\ 0 & 1 & 0 \end{bmatrix}$ 的平稳马尔可夫信源，调用稳态分布计算函数，计算其稳态分布。可得到该马尔可夫信源的稳态分布为 $W = \begin{bmatrix} 0.1538 & 0.6154 & 0.2308 \end{bmatrix}$。

（3）分别采用两种方法，对上述马尔科夫信源的输出序列 bbabcbacbbcbacbac 进行编码和解码，结果如图 16.1 所示。

信源输出序列：bbabcbacbbcbacbac

方法一编码结果：0 0 1 1 0 1 0 0 1 1 1 0 0 0 1 0 0 1 1 1 0 0 1 1 1 0

方法一解码结果：bbabcbacbbcbacbac

方法二编码结果：b 0 1 1 1 1 0 1 1 0 0 1 0 1 1 0 1 1 0

方法二解码结果：bbabcbacbbcbacbac

图 16.1　两种方法编解码结果

16.2.5　参考代码

```
1  % % % % % % % % % % % main.m% % % % % % % % % % % % % % % %
2  clear all ;
3  close all ;
```

```
4    clc ;
5
6    infor_symbol = { 'a' , 'b' , 'c' } ;
7    infor_sequence = 'bbabcbacbbcbacbac' ;
8    disp ( [ native2unicode ( [ 208   197   212   180   202   228   179   246   208   242   193   208   163
         186 ] ) infor_sequence ] ) ;
9
10   P = [ 0 , 0.5 , 0.5 ; 0.25 , 0.5 , 0.25 ; 0 , 1 , 0 ] ;
11
12   % Calculate steady state distribution
13   W = ones ( size ( infor_symbol ) )/length ( infor_symbol ) ;
14   while ( W − W * P ) * ( W − W * P )' > 1e − 10
15       W = W * P ;
16   end
17
18   % % Method 1
19   dict_1 = huffmandict ( infor_symbol , W ) ;
20   enco_1 = huffmanenco ( infor_sequence , dict_1 ) ;
21   deco_1 = huffmandeco ( enco_1 , dict_1 ) ;
22   disp ( [ native2unicode ( [ 183   189   183   168   210   187   177   224   194   235   ...
23       189   225   185   251   163   186 ] ) num2str( enco_1 ) ] ) ;
24   disp ( [ native2unicode ( [ 183   189   183   168   210   187   189   226   194   235   ...
25       189   225   185   251   163   186 ] ) deco_1 {:}] ) ;
26
27   % % Method 2
28   % Construct codeword dictionary corresponding to symbols
29   infor_symbol_2 = cell ( length ( infor_symbol ) , 1 ) ;
30   P_2 = cell ( length ( infor_symbol ) , 1 ) ;
31   for i_symbol = 1 : length ( infor_symbol )
32       frequency_0_1 = ismember ( P( i_symbol , : ) , [ 0 , 1 ] ) ;
33
34       infor_temp = infor_symbol ;
35       infor_temp ( frequency_0_1 ) = [ ] ;
36       infor_symbol_2{i_symbol} = infor_temp ;
37
38       P_temp = P( i_symbol , : ) ;
39       P_temp ( frequency_0_1 ) = [ ] ;
40       P_2{i_symbol} = P_temp ;
41   end
42
43   dict_2 = cell ( length ( infor_symbol ) , 2 ) ;
44   dict_2 ( : , 1 ) = infor_symbol' ;
```

```matlab
45  for i_symbol = 1 : length ( infor_symbol )
46      if ~isempty( infor_symbol_2{i_symbol})
47          dict_2{i_symbol ,2} = huffmandict ( infor_symbol_2{i_symbol } , P_2{i_symbol}) ;
48      end
49  end
50
51  % Encode
52  first_symbol = infor_sequence (1) ;
53  enco_2 = [ ] ;
54  for i_sequence = 2 : length ( infor_sequence )
55      symbol_last = infor_sequence ( i_sequence − 1);
56      dict_last = dict_2{ismember ( dict_2 ( : , 1 ) , symbol_last ) , 2 };
57      if ~isempty( dict_last )
58          symbol_now = infor_sequence ( i_sequence ) ;
59          num_code = ismember ( dict_last ( : , 1 ) , symbol_now ) ;
60
61          if ~isempty( num_code )
62              enco_now = dict_last{ismember ( dict_last ( : , 1 ) , symbol_now ) , 2 };
63              enco_2 = [ enco_2 enco_now ] ;
64          end
65      end
66  end
67
68  % Decode
69  [ num_sym , denifite_sym ] = find ( P = = 1);
70  deco_2 = first_symbol ;
71  i_enco = 1 ;
72  while i_enco < = length ( enco_2 )
73      if ~isempty( num_sym )
74          if ismember ( infor_symbol ( num_sym ) , deco_2 (end) )
75              for i_denifite = 1 : length ( num_sym )
76                  deco_2 (end + 1) = infor_symbol{denifite_sym ( i_denifite ) };
77              end
78              continue ;
79          end
80      end
81      dict_now = dict_2{ismember ( dict_2 ( : , 1 ) , deco_2 (end) ) , 2 };
82      position = zeros ( 1 , size ( dict_now , 1 ) ) ;
83      for i = 1 : size ( dict_now , 1 )
84          position_i = strfind ( enco_2 ( i_enco : end) , dict_now{i , 2 }) ;
85          if ~isempty( position_i )
86              position ( i) = position_i (1) ;
```

```
87          else
88              position ( i ) = 0 ;
89          end
90      end
91
92      deco_i = dict_now{position = = 1,1};
93      deco_2 = [ deco_2 deco_i ] ;
94
95      code_i = dict_now{position = = 1,2};
96      i_enco = i_enco + length ( code_i ) ;
97  end
98
99  disp( [ native2unicode ([ 183   189   183   168   182   254   177   224   194   235   189   225   185
100     ...   251   163   186 ])  first_symbol '' num2str( enco_2 ) ] ) ;
101  disp( [ native2unicode ([ 183   189   183   168   182   254   189   226   194   235   189   225   185
102     ...   251   163   186 ]) deco_2 ] ) ;
```

第 17 章　霍夫曼编码的改进

17.1　基本原理

17.1.1　N 次扩展信源的编码效率

霍夫曼编码得到的是紧致码,因而是一种非常实用的编码方法,通常情况下,编码效率也非常高。

与此同时根据香农第一定理,对扩展信源 S^N 进行编码,总可以找到一种编码方法构成唯一可以吗,使信源 S 中的每个信源符号所需的码字平均长度满足

$$\frac{H(S)}{\log r}+\frac{1}{N}>\frac{\overline{L_N}}{N}\geqslant\frac{H(S)}{\log r} \tag{17.1}$$

其中,$\overline{L_N}$ 是无记忆 N 次扩展信源 S^N 中每个信源符号的 α_i 所对应的平均码长。

$$\overline{L_N}=\sum_{i=1}^{q^N}p(\alpha_i)\lambda_i \tag{17.2}$$

其中,λ_i 是 α_i 所对应的码度长度。

编码效率定义为

$$\eta=\frac{H_r(S)}{\overline{L_N}} \tag{17.3}$$

当 $N\to\infty$,有

$$\lim_{N\to\infty}\frac{\overline{L_N}}{N}=\frac{H(S)}{\log r} \tag{17.4}$$

当信源符号的分布偏离均匀分布程度较大时,如图 11.4 所示,当二元信源符号的概率分布分别为 $[0.9,0.1]$ 时,即使 $N\geqslant5$ 编码效率增长缓慢,即使 $N=10$ 也离编码效率 1 有一定距离。如果概率分布更加悬殊,则需要扩展更多的次数才有可能获得较高的编码效率,但是扩展的符号数目是扩展次数的指数级增长,实际工程中难以被采用,为此需要对霍夫曼编码进行改进。

17.1.2　基于游程的改进霍夫曼编码方法

霍夫曼编码的改进方法有多种,本实验讨论一种基于游程的编码方法。

在实际应用中,很多信源产生的消息有一定的相关性,常常连续多次输出同样的信息。而霍夫曼编码主要针对无记忆信源,对于有相关性的信源,其编码效率不高。将同一个消息连续输出的个数称为游程,游程编码的基本思想是用一个符号值和串长代替具有相同值的连续符号,使符号长度少于原始数据的长度,只在各行或各列的数据发生变化时,一次记录该数据及其重复次数,从而实现数据的压缩。游程编码的基本结构是如图 17.1 所示的编码单元,其中

符号码为信源符号类别,标志码为符号码和游程长度之间的分割符。

符号码	标识码	游程长度

图 17.1 编码单元

例如,有一信源的输出序列为 aaaaaaabbbbbcccccccccddd,经过游程编码处理,可以将其表示为 a♯7b♯5c♯9d♯2。

在实际应用中,对于二元序列,两种信源符号交替出现,比如黑白图像,若规定第一游程为白游程(若第一游程为黑游程,则在黑游程前插入一个游程长度为 0 的白游程),则可将编码单元中的符号码和标识码省略掉,这样就可以把像素序列变换为游程长度序列,并且二者是可逆的。而对于多元序列,为了保证一一对应的可逆变换性,必须加入标志符号,才能区分游程长度序列中的某一个长度对应的哪一个信源符号,而增加标志符号可能会抵消压缩编码得到的好处,所以一般不对多元序列进行游程编码。

对于二元相关信源,游程长度大小出现的概率不定,一般来说,游程越长,其出现的概率就越小,游程长度区域无穷时,其出现的概率也趋向于 0。在进行游程编码时,首先测定 0 的游程长度和 1 的游程长度的概率分布,也就是以游程长度为元素,构造一个新的信源,然后对这个新的信源进行霍夫曼编码。根据霍夫曼编码的准则,概率越小,码字越长;但是小概率对应的长码字对平均码长的影响很小。所以在实际应用中,对长游程一般采用截断处理的方法,将大于一定长度的长游程做截断处理。一种常用的截断处理方法如下:

- 选取适当的 n 值,将游程长度分别为 $1,2,\cdots,2^n-1,2^n$ 的游程进行霍夫曼编码,得到相应的码表,游程长度为 2^n 的码字为 C;
- 若游程长度 L 满足 $2^n \leqslant L < 2^{n+1}$,则将其编码为 CA,其中 $A=L-2^n$。
- 若游程长度 $L \geqslant 2^{n+1}$,则需用两个或者两个以上的 CA 作为码字。

17.1.3 黑白传真的压缩编码原理

对于 A4 纸大小的文件,一页应有 1 188 或 2 376 条扫描线,每一行扫描线有 1 728 个像素,那么一张 A4 纸约有 2.05M 或 4.1M 像素,为了加快传输速度,必须进行数据压缩。MH(Modified Huffman)编码是黑白二值文件、传真类数据压缩编码国际标准,是由游程编码和霍夫曼编码综合而成的改进型霍夫曼编码。

MH 码分别对黑、白两种像素的不同游程长度进行霍夫曼编码,形成黑白两张霍夫曼码表,编译码都通过查表进行。黑白图像中,对于每一行扫描线,这些像素可能是全黑、全白或者黑白间隔,黑游程和白游程长度都在 0~1 728 之间,根据统计结果可以得知,黑白游程长度大多在 0~63 范围内,因此 MH 码的码字分为结尾码(终端码)和组合码(形成码)两种[16]。

MH 码编码规则如下:

(1) 黑白游程分别对应不同的编码表;

(2) 游程长度在 0~63 范围内时,码字直接用相应的终端码(结尾码)表示;

(3) 游程长度在 64~1 728 范围内时,用一个组合码加上一个结尾码作为相应码字;

(4) 规定每行都从白游程开始,若实际出现黑游程开始的话,则在行首加上零长度白游程码字,每行结束用一个结束码(EOL);

(5) 每页文件开始第一个数据前加一个结束码,每页尾连续使用 6 个结束码表示结尾;

（6）译码时每行应恢复出 1 728 个像素,否则有错;

（7）为了传输时实现同步操作,规定 T 为每行码字的最小传输时间。一般规定传输时间范围为 20ms≤T≤5s。若某行码字传输时间小于 T,则在结束码之前填以足够的 0 码元(称为填充码)。

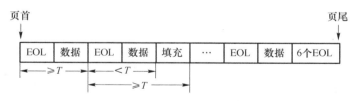

图 17.2　黑白传真信息传输格式

17.2　实验说明

17.2.1　实验目的

（1）掌握游程编码的思想;
（2）编程实现传真图像输出。

17.2.2　实验内容

（1）编写游程长度统计程序;
（2）编写游程编码函数;
（3）编写游程解码函数;
（4）编程实现黑白传真图像的输出。

17.2.3　基本要求

编写游程长度统计程序,计算游程长度概率分布,利用霍夫曼编码为游程长度分配码字,并编写游程编码和游程解码函数,实现黑白传真图像的游程编码和解码。

17.2.4　实验步骤

（1）程序准备:
- 编写游程长度统计程序,计算其概率分布;
- 编写游程长度的霍夫曼编码程序;
- 对图像每一行进行游程编码,插入换行码,并在图像开始和结束插入换页码,编写二值图像游程编码函数;
- 编写计算编码压缩比的程序;
- 编写二值图像游程解码函数;
- 编写主函数 main.m,将输入图像转化为二值图像,调用游程编码和游程解码的函数,实现黑白传真图像的输出;

（2）载入 lena 图，将其转化为二值图像，调用二值图像游程编码函数，对该图像游程长度进行统计编码，实现该二值图像的游程编码，并计算编码压缩比。运行程序 main.m 得到压缩比为 1：3.3443。

（3）对上述编码结果进行游程解码，传真输出结果如图 17.3 所示。

(a) 原始图像   (b) 二值黑白图像   (c) 游程解码结果

图 17.3　二值图像的传真输出

（4）载入 A4 纸文字图像（图像尺寸 1 728×2 376），调用主函数 A4_main.m，将该图像转化为二值图像，对二值图像进行游程编码和游程解码，并计算编码压缩比。得到编码压缩比为 1：14.3173，传真输出结果如图 17.4 所示。

(a) A4 文字图像   (b) 游程解码结果

图 17.4　文字的传真输出

17.2.5　参考代码

```
1  %%%%%%%%%%%%% main.m %%%%%%%%%%%%%%%
2  clear all;
3  close all;
4  clc;
```

```
5
6     I_256 = imread ( 'lena . jpg' ) ;
7     figure ;
8     imshow ( I_256 ) ;
9
10    % Convert image to binary image
11    I = im2bw ( I_256 , 0. 5 ) ;
12    [ row_len , col_len ] = size ( I ) ;
13    figure ;
14    imshow ( I ) ;
15
16    % Encode
17    [ enco , dict ] = RunLengthEnco ( I ) ;
18
19    % Calculate coding efficiency
20    c = ( row_len * col_len ) / length ( enco )
21
22    % Decode
23    [ image_restore ] = RunLengthDeco ( enco , dict , row_len , col_len ) ;
```

```
1     %%%%%%%%%%%% A4_main. m %%%%%%%%%%%%%%%
2     clear all ;
3     close all ;
4     clc ;
5
6     I_256 = imread ( 'A4. jpg' ) ;
7     figure ;
8     imshow ( I_256 ) ;
9
10    % Convert image to binary image
11    I = im2bw ( I_256 , 0. 8 ) ;
12    [ row_len , col_len ] = size ( I ) ;
13    figure ;
14    imshow ( I ) ;
15
16    % Encode
17    [ enco , dict ] = RunLengthEnco ( I ) ;
18
19    % Calculate coding efficiency
20    c = ( row_len * col_len ) / length ( enco )
21
22    % Decode
23    [ image_restore ] = RunLengthDeco ( enco , dict , row_len , col_len ) ;
```

```
1    function [ enco , dict ] = RunLengthEnco ( I )
2
3    [ row_len , col_len ] = size ( I ) ;
4    RunLength = zeros ( row_len , col_len + 1);
5    num_run_len = zeros ( row_len , 1 ) ;
6    run_len_all = [ ] ;
7
8    for i = 1 : row_len
9        count = 1 ;
10       run_len = [ ] ;
11
12       for j = 1 : col_len - 1
13           if j = = col_len - 1
14               if ( I( i , j) = = I( i , j + 1))
15                   count = count + 1 ;
16                   run_len = [ run_len count ] ;
17               else
18                   run_len = [ run_len count 1 ] ;
19               end
20           else
21               if I( i , j) = = I( i , j + 1)
22                   count = count + 1 ;
23               else
24                   run_len = [ run_len count ] ;
25                   count = 1 ;
26               end
27           end
28       end
29
30       if I( i , 1 ) == 0
31           run_len = [ 0 run_len ] ;
32       end
33       run_len_all = [ run_len_all run_len col_len + 1];
34       RunLength ( i , 1 : length ( run_len ) ) = run_len ;
35       num_run_len ( i) = length ( run_len ) ;
36   end
37
38   run_len_distinct = unique ( run_len_all ) ;
39   run_len_frequnency = hist ( run_len_all , run_len_distinct ) / length ( run_len_all ) ;
40
41   dict = huffmandict ( run_len_distinct , run_len_frequnency ) ;
42
```

```
43   page_code = repmat ( dict{end , 2 } , [ 1 , 6 ] ) ;
44   enco = page_code ;
45   for i = 1 : row_len
46       enco_i = huffmanenco ( RunLength ( i , 1 : num_run_len ( i ) ) , dict ) ;
47       if size ( enco_i , 1 ) ~ = 1
48           enco_i = enco_i' ;
49       end
50       enco = [ enco enco_i ] ;
51       if i~ = row_len
52       enco = [ enco dict{end , 2 } ] ;
53       end
54       disp ( [ 'μ'num2str(i)'' ] ) ;
55   end
56   enco = [ enco page_code ] ;
57
58   end
```

```
1    function   [ image_restore ] = RunLengthDeco ( enco , dict , row_len , col_len )
2
3    page_code = repmat ( dict{end , 2 } , [ 1 , 6 ] ) ;
4    page_address = strfind ( enco , page_code ) ;
5
6    if mod ( length ( page_address ) , 2 ) ~ = 0
7        page_address = page_address ( 1 : end - 1);
8    end
9    page_address = reshape ( page_address , [ 2 , length ( page_address ) / 2 ]) ;
10   image_restore = zeros ( row_len , col_len , size ( page_address , 2 ) ) ;
11
12   line_end = dict{end , 1 } ;
13   for i_page = 1 : size ( page_address , 2 )
14       enco_page = enco ( page_address ( 1 , i_page ) + length ( page_code ) : page_address ( 2 , i_
page ) - 1);
15       deco_page = huffmandeco ( enco_page , dict ) ;
16       end_row = find ( deco_page = = line_end ) ;
17       if length ( end_row ) + 1 ~ = row_len
18           disp ( 'Decoding error ! Unable to restore image . ' ) ;
19           continue ;
20       end
21       for i_row = 1 : row_len
22           if i_row = = 1
23               deco_row = deco_page(1 : end_row (1) - 1);
24           elseif i_row = = row_len
```

```
25            deco_row = deco_page ( end_row ( end ) + length ( line_end ) : end ) ;
26        else
27            deco_row = deco_page(end_row(i_row - 1) + length(line_end): end_row(i_row) - 1);
28        end
29
30        if sum( deco_row ) ~ = col_len
31            disp ('Decoding error !    Unable to restore image . ') ;
32            continue ;
33        end
34
35        image_row =    [ ] ;
36        for i_col = 1 : length ( deco_row )
37            if mod ( i_col , 2 ) ~ = 0
38                image_row = [ image_row ones ( 1 , deco_row ( i_col ) ) ] ;
39            else
40                image_row = [ image_row zeros ( 1 , deco_row ( i_col ) ) ] ;
41            end
42        end
43        image_restore ( i_row , : , i_page ) = image_row ;
44        disp ( [ 'μ' num2str( i_row )''] ) ;
45    end
46    figure ;
47    imshow ( image_restore ( : , : , i_page ) ) ;
48 end
49
50 end
```

第 18 章　连续高斯信道的信道容量

18.1　基本原理

18.1.1　连续信源

连续信源是输出消息在时间和取值上都连续的信源,这类信源是实际生活中最常见的信源,语音信号、电视图像等都是连续信源。连续信源输出的消息可以用随机过程来描述,对于某一连续信源 $X(t)$,当给定某一时刻 $t=t_0$ 时,其取值是连续且随机的。根据随机过程理论,随机过程可以用有限维概率分布函数或有限维概率密度函数来描述[17]。

给定 n 个时刻 $t_i, i=1,2,\cdots,n$,随机过程 $X(t)$ 在 t_i 时刻对应的随机变量 $X(t_i), i=1,2,\cdots,n$ 的联合分布函数为

$$F(x_1, x_2, \cdots, x_n; t_1, t_2, \cdots, t_n) = P(X(t_1)<x_1, X(t_2)<x_2, \cdots, X(t_n)<x_n)$$
(18.1)

如果 n 维概率分布函数的 n 阶偏导数存在,则随机过程 $X(t)$ 的 n 维概率密度函数存在

$$p(x_1, x_2, \cdots, x_n; t_1, t_2, \cdots, t_n) = \frac{\partial^n F(x_1, x_2, \cdots, x_n; t_1, t_2, \cdots, t_n)}{\partial x_1 \partial x_2 \cdots \partial x_n}$$
(18.2)

如果 n 维概率密度函数满足

$$p(x_1, x_2, \cdots, x_n; t_1, t_2, \cdots, t_n) = \prod_{i=1}^{n} p_{X_i}(x_i; t_i)$$
(18.3)

则称 $X(t)$ 为独立随机过程。

最简单的连续信源可以用一维随机变量来描述。若随机变量 X 存在非负函数 $p(x)$, $\int_{-\infty}^{\infty} p(x)\mathrm{d}x = 1$,满足

$$F(x) = P(X<x) = \int_{-\infty}^{x} p(\alpha)\mathrm{d}\alpha$$
(18.4)

称 X 为连续随机变量,$p(x)$ 为概率密度函数。

简单连续信源的模型可以表示为

$$\begin{bmatrix} X \\ P \end{bmatrix} = \begin{bmatrix} x \\ p(x) \end{bmatrix} \int_{-\infty}^{\infty} p(x)\mathrm{d}x = 1$$
(18.5)

对于概率密度为 $p(x)$ 的连续信源 X,其熵为

$$H(X) = -\int_{-\infty}^{\infty} p(x)\log p(x)\mathrm{d}x$$
(18.6)

连续信源的熵通常称为相对熵、差熵或者微分熵,其形式虽然与离散信源的熵相同,但意义不同。连续信源的不确定性应为无穷大,其熵与离散信源的熵相比,去掉了一个无穷项。在实际应用中我们更关心的是熵的差值,无穷项可以抵消掉,所以这样定义的连续信源的熵不会

影响互信息量、信道容量和率失真函数的计算。

18.1.2　连续信道的信道容量

连续信道的输入和输出均为连续的随机信号,其输入和输出可以分别用随机过程 $X(t)$ 和 $Y(t)$ 描述,其信道特性可以由一个噪声随机过程 $N(t)$ 决定。

图 18.1　连续信道模型

根据时间上的离散和连续的划分,连续信道可以划分为两大类,分别为离散时间信道和连续时间信道。如果信道的输入和输出在时间上是离散的,在幅度上是连续的,那么称之为离散时间信道。如果信道的输入和输出在时间和幅度上都是连续的,那么称之为连续时间信道。下面主要讨论连续时间信道。

时间连续的信道也被称为波形信道,可用随机过程来描述加性噪声信道模型一般表示为

$$Y(t) = X(t) + N(t) \tag{18.7}$$

在实际应用中,信道的带宽总是有限的,根据信号采样定理,我们可以把一个时间连续的信道变成时间离散的随机序列进行处理。假设输入信号、噪声和输出信号的随机序列分别为 X_i, N_i 和 $Y_i, i=1,2,\cdots,n$,则有

$$Y_i = X_i + N_i \tag{18.8}$$

假设噪声信号为独立随机过程,则有

$$p(z_1, z_2, \cdots, z_n) = p(z_1) p(z_2) \cdots p(z_n) \tag{18.9}$$

其中 z_i 为 N_i 的取值。

对于加性噪声信道,有

$$p(y \mid x) = p(z) = \prod_{i=1}^{n} p(z_i) = \prod_{i=1}^{n} p(y_i \mid x_i) \tag{18.10}$$

由于信道是无记忆信道,多以 n 维随机序列的平均互信息量满足

$$I(X; Y) \leqslant \sum_{i=1}^{n} I(X_i; Y_i) \tag{18.11}$$

所以时间连续信道的信道容量为

$$C = \max_{p(x)} I(X; Y) = \max_{p(x_i)} \sum_{i=1}^{n} I(X_i; Y_i) \qquad i = 1, 2, \cdots, n \tag{18.12}$$

18.1.3　连续高斯信道的信道容量

对于连续高斯信道,其噪声可以用高斯随机过程来描述,即 $N(t)$ 为与输入信号统计独立的高斯噪声。则有

$$I(X_i; Y_i) = H(Y_i) - H(N_i) \qquad i = 1, 2, \cdots, n \tag{18.13}$$

所以对于某一特定连续高斯信道,当输出信号的熵达到最大时,平均互信息量达到最大。而在实际应用中,信号的功率都是有限的,在功率受限条件下,只有当 Y_i 满足高斯分布时,$H(Y_i)$ 达到最大。由于该信道为加性高斯信道,所以只有当 X_i 服从高斯分布时,才能使得 $Y_i = X_i + N_i$ 满足高斯分布。

假设 $X(t)$ 是平均功率为 σ_X^2 的高斯随机过程,$N(t)$ 为平均功率为 σ_N^2 的高斯噪声,则 $Y(t)$ 是平均功率为 $\sigma_X^2 + \sigma_N^2$ 的高斯随机过程。则 X_i,N_i 和 Y_i 分别服从方差为 σ_X^2,σ_N^2 和 $\sigma_X^2 + \sigma_N^2$ 的高斯分布。

通过计算,可以得到

$$H(Y_i) = \frac{1}{2}\log[2\pi e(\sigma_X^2 + \sigma_N^2)] \tag{18.14}$$

$$H(N_i) = \frac{1}{2}\log[2\pi e\sigma_N^2] \tag{18.15}$$

所以信道容量为

$$C = \sum_{i=1}^{n} \frac{1}{2}\log(1 + \frac{\sigma_X^2}{\sigma_N^2}) = \frac{n}{2}\log(1 + \frac{\sigma_X^2}{\sigma_N^2}) \tag{18.16}$$

对于窄带高斯信道,信道带宽为 B,如果时间变化范围为 $[0, T]$,由采样定理可知,可用 $n = 2BT$ 个样本近似表示 $X(t)$ 和 $Y(t)$,于是信道容量可改写为

$$C = BT\log(1 + \frac{\sigma_X^2}{\sigma_N^2}) \tag{18.17}$$

则单位时间内的信道容量为

$$C = B\log(1 + \frac{\sigma_X^2}{\sigma_N^2}) \tag{18.18}$$

则单位时间内每个自由度的信道容量为

$$C = \frac{1}{2}\log(1 + \frac{\sigma_X^2}{\sigma_N^2}) \tag{18.19}$$

当 $N(t)$ 为谱密度为 $\frac{N_0}{2}$ 的高斯白噪声时,式(18.18)可表示为

$$C = B\log(1 + \frac{\sigma_X^2}{N_0 B}) \tag{18.20}$$

式 18.20 就是香农公式,这一公式适用于加性高斯白噪声信道,只有当输入信号为功率受限的高斯白信号时,才能够达到信道容量[4]。

当 $B \to \infty$ 时,有

$$C = \lim_{B \to \infty}\log(1 + \frac{\sigma_X^2}{N_0 B}) = 1.44\frac{\sigma_X^2}{N_0} \tag{18.21}$$

这表明当频带很宽或者信噪比很低的时候,信道容量与信号功率和噪声谱密度之比成正比,这一值是加性连续高斯信道信息传输率的极限值。

18.2　实验说明

18.2.1　实验目的

(1)掌握连续高斯信道的容量计算方法;
(2)模拟信号通过连续高斯信道的性能。

18.2.2　实验内容

(1)编写连续高斯信道容量计算程序;

（2）编写平均互信息量计算函数；

（3）模拟多种信号通过信道的过程。

18.2.3　基本要求

编写连续高斯信道的信道容量计算程序，构造多种信号，模拟信号在不同信噪比要求下通过连续高斯信道的过程，并计算输入信号与输出信号的平均互信息量。

18.2.4　实验步骤

（1）程序准备：

- 根据公式（18.19）编写连续高斯信道的信道容量计算程序；
- 编程模拟信号通过连续高斯信道的过程；
- 设置分段，统计信号幅度概率，编写平均互信息量计算函数；
- 编写主程序，设定不同信噪比，计算不同信噪比下的信道容量，调用平均互信息量计算函数，分别计算各输入信号与对应输出信号的平均互信息量。

（2）构造高斯白信号、正弦信号和二元信号三种类型的信源，模拟这三种信号在不同信噪比要求下通过连续高斯信道的过程；

（3）调用主程序 GaussianChannel.m，分别计算不同信噪比要求下的信道容量，并对比分析各输入信号与对应输出信号的平均互信息量（如图 18.2 所示）。

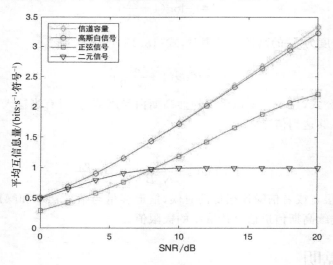

图 18.2　各信号通过不同信噪比信道的平均互信息量

18.2.5　参考代码

```
1   % % % % % GaussianChannel .m% % % % % % %
2   clear all
3   close all
4   clc
5
```

```
6    SNRdb = 0:2:20;
7    fs = 1000;
8    L = 1000000;
9
10   % Calculate the channel capacity with different signal-to-noise ratios
11   SNR = 10.^( SNRdb/10 ) ;
12   Capacity = 1/2 * log2(1 + SNR ) ;
13
14   figure ;
15   plot ( SNRdb , Capacity ,'c-d') ;
16   hold on
17
18   for i = 1:length ( SNRdb )
19       x1 = randn( L , 1 ) ;
20       x2 = sin (2 * pi * 100 * (1: L) * (1/ fs ) ) ;
21       x3 = sign ( randn( L , 1 ) ) ;
22
23       y1 = awgn ( x1 , SNRdb ( i ) ) ;
24       y2 = awgn ( x2 , SNRdb ( i ) ) ;
25       y3 = awgn ( x3 , SNRdb ( i ) ) ;
26
27       % Calculate the average mutual information of different signals
28       MI( i , 1 ) = MutualInformation ( x1 , y1 ,100) ;
29       MI( i , 2 ) = MutualInformation ( x2 , y2 ,100) ;
30       MI( i , 3 ) = MutualInformation ( x3 , y3 ,100) ;
31   end
32
33   plot ( SNRdb , MI ( : , 1 ) ,'r-o')
34   plot ( SNRdb , MI ( : , 2 ) ,'m-s')
35   plot ( SNRdb , MI ( : , 3 ) ,'b-v')
36
37   xlabel ('SNR (dB)') ;
38   ylabel ( native2unicode ([198  189  190  249  187  165  208  197  207  162  193  191  32
39       ...  40  98  105  116  47  115  47  183  251  186  197  41 ]),'FontName','FixedWidth')
40   legend ( native2unicode ([208  197  181  192  200  221  193  191]) ,  ...
41          native2unicode ([184  223  203  185  176  215  208  197  186  197]) ,  ...
42          native2unicode ([213  253  207  210  208  197  186  197]) ,  ...
43          native2unicode ([182  254  212  170  208  197  186  197]) ,  ...'Location' ,
             'NorthWest','FontName','FixedWidth')
44   hold off
```

```
1   function [ MI ] = MutualInformation ( x , y , n_seg )
2
3   jointOccur = zeros ( n_seg ) ;
4
5   [ ~ , ~ , x_bin ] = histcounts ( x , ( min( x ) : (max( x ) − min( x ) )/n_seg :max( x ) ) ) ;
6   [ ~ , ~ , y_bin ] = histcounts ( y , ( min( y ) : (max( y ) − min( y ) )/n_seg :max( y ) ) ) ;
7
8   for n = 1:length ( x )
9       ndex_x = x_bin ( n ) ;
10      index_y = y_bin ( n ) ;
11      jointOccur ( index_x , index_y ) = jointOccur ( index_x , index_y ) + 1;
12  end
13  jointPmf = jointOccur ./ sum(sum( jointOccur ) ) ;
14  yPmf = sum( jointPmf ) ;
15  xPmf = sum( jointPmf , 2 ) ;
16
17  MI = 0 ;
18  for nx = 1 : n_seg
19      for ny = 1 : n_seg
20          if jointOccur ( nx , ny) ~ = 0
21              logf = log2 ( jointPmf ( nx , ny)/xPmf ( nx)/yPmf ( ny) ) ;
22          else
23              logf = 0 ;
24          end
25          MI = MI + jointPmf ( nx , ny) * logf ;
26      end
27  end
28
29  end
```

第 19 章　最大信息熵的应用
——图像阈值分割

19.1　基本原理

图像分割是图像处理的基本操作之一,图像分割的结果往往直接影响后续应用的性能,因而长期以来图像分割也是图像处理之中而备受关注的一项关键技术。图像分割最常用的方法就是阈值分割,其本质上是寻找某些阈值参数,将灰度(或彩色)图像 $f(i, j)$ 变换成二值图像 $g(i, j)$,即

$$g(i, j) = \begin{cases} 1 & f(i, j) \geqslant T \\ 0 & f(i, j) < T \end{cases} \tag{19.1}$$

其中 T 为阈值。

图像分割之后,感兴趣的目标区域的图像像素 $g(i, j) = 1$,而对于背景区域的图像元素 $g(i, j) = 0$。而如何确定合适的阈值,是图像分割方法的关键。对于通用的图像分割处理而言,背景区域和目标区域的分布没有更多的先验信息,根据最大熵原理,只能假设背景区域和目标区域的像素分布差异较大,而区域内部的差异较小,因此以两部分的区域内部的信息熵之和最大为准则来确定图像阈值是一种可行的方案。同时由于图像往往是二维分布的,为此本实验主要基于最大熵定理,讨论一维和二维的图像阈值分割的实现方法。

19.1.1　图像一维熵和二维熵的计算

在一个定义为 X 的集合上,可以将随机变量自信量的数学期望 $I(x_i)$ 表示 X 的平均自信息量

$$H(X) = -\sum_{i=1}^{n} p(x_i) \log p(x_i) \tag{19.2}$$

熵是图像中所包含的平均信息量的量度。将图像中每个像素点都看成是相互独立的,那么图像中的灰度值分布我们就可以将其看作为聚集特征。在这里,我们找出图像灰度值为 i 的像素,其占图像中所有像素的比例,可以用 p_i 表示,进而我们可以定义,图像的一维灰度熵的计算式为:

$$H(X) = -\sum_{i=0}^{255} p_i \log p_i \tag{19.3}$$

在图像中,灰度值具有分布聚集特征,其所包含的信息量,我们已经用一维熵来表示。但是,显然我们可以发现,其不能反映图像灰度三维空间几何的一些特性,为了能够描述空间的几何特性,显然,这里就有必要引入一个新的表示形式,即引入能够描述空间几何特征的图像的二维熵。选取图像相邻区域各个灰度的平均值,将其定义为各个灰度分布的空间特征量,利用图像灰度组成特征二元组,记为 (x, y),其中 x 表示图像的灰度值,定义相邻区域的灰度为 y,$f(x,$

y)为特征二元组出现的频率次数。计算联合概率：

$$P_{ij} = \frac{f(x, y)}{M \cdot N} \qquad (19.4)$$

其中 $M \cdot N$ 定义为图像中的所有像元数。可以得到图像二维熵的计算式为：

$$H = -\frac{1}{2} \sum_{i,j} P_{ij} \log P_{ij} \qquad (19.5)$$

19.1.2 一维熵和二维熵的最大熵阈值分割

图像中平均像素所包含的信息量,我们用图像的熵来表示。其中,图像一维熵中所有像素点,都可以认为是相互独立的,在图像中,可以反映所有信息的灰度分布的聚集特征。找出图像灰度值为的像素,将其占图像中所有像素的比例用表示,计算图像的一维灰度熵。设分割图像的灰度阈值为 t,$[0, t]$ 为背景,$(t, 255]$ 为目标。分别计算出在选定阈值条件下,背景各像素的概率,以及目标区各像素的概率。并据此分别计算两类目标区的信息熵,其中使目标和背景的信息熵之和最大者为最佳阈值。

二维熵阈值分割是基于图像二维直方图来寻找分割阈值的。设图像 $f(x, y)$ 的灰度级为 L,相应的像素邻域图像 $g(x, y)$ 的灰度级也为 L,$g(x, y)$ 通过下式获得

$$g(x, y) = \frac{1}{k^2} \sum_{i=-\frac{k-1}{2}}^{\frac{k+1}{2}} \sum_{j=-\frac{k-1}{2}}^{\frac{k+1}{2}} f(x+i, y+n) \qquad (19.6)$$

其中 k 为平滑窗函数的尺寸。

定义二维直方图 $H(i, j)$[18] 的值表示像素灰度值 $i = f(x, y)$ 且同时像素邻域平均灰度值 $g(x, y) = j$ 的像素的个数($i, j = 0, 1, \cdots, L$)。对于一幅 $M \times N$ 的 256 级灰度图像,如果二为直方图 $H(i, j)$ 出现的频数 f_{ij},则联合概率密度 $p_{ij} = \frac{f_{ij}}{M \cdot N}$。因为 p_{ij} 为灰度值 i 和其邻域均值 j 的共生概率密度,在绝大多数情况下,p_{ij} 分布主要集中在对角线附件,而且即使一维灰度直方图没有明显的峰和谷是,二维直方图上也呈现名明显的两个峰。令 (s, t) 为阈值,则可将图像的二维直方图划分成 4 个区域(如图 19.1 所示),其中在目标和背景处,像素的灰度值和邻域的平均灰度值接近,在目标和背景的分解邻域,像素的灰度值和邻域的平均灰度值差距较大,因此区域 1 和区域 2 分别表示背景区和目标区,原理对角线的区域 3 和区域 4 代表可能的边缘和噪声。不难发现二维直方图方法充分考虑里图像的空间信息,可以减少噪声等对图像分割的影响。

19.2 实验说明

19.2.1 实验目的

(1) 掌握基于一维熵阈值分割的图像分割方法;
(2) 掌握基于二维熵阈值分割的图像分割方法。

19.2.2 实验内容

(1) 图像一维分割阈值确定方法;

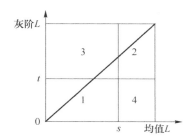

图 19.1　二维直方图

（2）图像二维分割阈值确定方法；

（3）一维阈值图像分割实验；

（4）二维阈值图像分割实验。

19.2.3　基本要求

编制图像一维和二维信息熵生成程序，利用最大熵准则确定一维和二维分割阈值，并输入不同测试图像，完成图像分割，比较图像分割性能。

19.2.4　实验步骤

（1）程序准备：

- 编写图像像素概率计算程序（或直接调用 MATLAB 的 hist 函数）；
- 编写指定像素范围的一维信息熵计算程序；
- 编写二维直方图计算程序；
- 编写基于二维直方图的图像信息熵计算程序；
- 编写主函数，读入图像数据，调用一维和二维信息熵计算程序，确定不同阈值条件下的信息熵之和，获得最大熵对应的阈值，据此完成图像分割。

（2）一维阈值分割实验。输入图像文件 lena.jpg，调用一维阈值分割主程序完成图像分割，结果如图 19.2 所示。

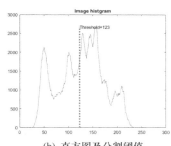

| (a) 原始图像 | (b) 直方图及分割阈值 | (c) 分割结果 |

图 19.2　一维直方图阈值分割结果

（3）二维阈值分割实验。输入图像文件 lena.jpg，调用二维阈值分割主程序完成图像分割，结果如图 19.3 所示。

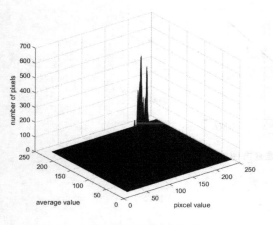

(a) 二维直方图三维显示

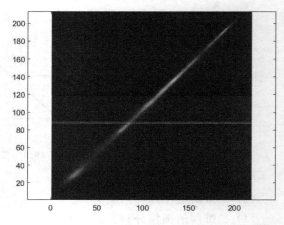

(b) 二维直方图平面投影

(c) 分割结果

图 19.3　二维直方图阈值分割结果

19.2.5　参考代码

```
1    function  [ th , segresult] = hist1d ( image)
2    clc
3    close all
4
5    if ( nargin = = 0)
6        image = imread ('lena . jpg') ;
7    %        image = imread ('r ice . png') ;
8    %        image = double( image) ;
9    end
10
11   H = @ ( p) sum( - p . * log2 ( p + eps ) ) ;
12
13   figure , imshow ( image) , t i t l e ('Origin picture')
14
15   hist = imhist ( image) ;
```

```
16
17   figure , plot ( hist )
18   title ( 'Image histgram' )
19
20   for th = 1:254
21       background = hist ( 1 : th ) ;
22       target = hist ( th + 1:255 ) ;
23
24       s1 = sum( background ( : ) ) ;
25       s2 = sum( target ( : ) ) ;
26       s = s1 + s2 ;
27
28       H_sum ( th) = H( background/s1 ) + H( target/s2 ) ;
29   %      H_sum ( th) = H( background/s1 ) * sum( background ( : ) )/ s + H( target/s2 ) * sum( tar-
     get ( : ) )/ s ;
30
31   end
32   [ maxvalue , th ] = max( H_sum ) ;
33   fprintf ( 'The threshold value is % d. \n' , th) ;
34
35   hold on
36   plot ( [ th th ] , [ 0 ,max( hist ) ] ,':','linewidth', 3 ) ;
37   text ( th ,max( hist ) , [ 'Threshold =' num2str( th) ] )
38
39   if ( nargout = = 2)
40       segresult = image>th ;
41       figure , imshow ( segresult )
42       colormap( gray)
43       title ( 'Segment    result' )
44   end
```

```
1    function [ th , segresult] = hist2d ( image)
2    clc
3    close all
4
5        I = im2uint8 ( imread ('lena . jpg') ) ;
6        f = im2double ( I ) ;
7        w = fspecial ( 'average' , 3 ) ;
8        I_avr = im2uint8 ( imfilter ( f , w) ) ;
9
10
11     h_gray = imhist ( I ) ;
```

```
12    h_avr = imhist ( I_avr ) ;
13  %  ind_gray = find (h_gray>0) - 1;
14  %  ind_avr = find (h_avr>0) - 1;
15    ind_gray = find ( h_gray> = 0) - 1;
16    ind_avr = find ( h_avr> = 0) - 1;
17
18    [ X , Y ] = meshgrid( ind_gray , ind_avr ) ;
19    [ m , n ] = size ( X ) ;
20    data = zeros ( m , n) ;
21
22    for i = 1:m
23        for j = 1:n
24            gray = ( X( i , j) = = I ) ;
25            avr = ( Y( i , j) = = I_avr ) ;
26            data ( i , j) = length ( find ( gray & avr ) ) ;
27        end
28    end
29
30    figure
31    surf ( X , Y , data )
32    xlabel ('pixcel value')
33    ylabel ('average value')
34    zlabel ('number of pixels')
35
36    figure , imagesc( data )
37    axis equal
38  %  set ( gca ,'ydir','reverse')
39    set ( gca ,'ydir','normal')
40
41  % The following code needs to be updated .
42  H = @( p) sum( - p . * log2 ( p + eps ) ) ;
43  hist = diag ( data ) ;
44  figure , plot ( hist )
45  title ('Image histgram')
46  for th = 1:254
47        background = hist ( 1 : th) ;
48        target = hist ( th + 1:255) ;
49
50        s1 = sum( background ( : ) ) ;
51        s2 = sum( target ( : ) ) ;
52        s = s1 + s2 ;
53
```

```
54         H_sum ( th) = H( background/s1 ) + H( target/s2 ) ;
55  %       H_sum(th) = H(background/s1) * sum(background(:))/s + H(target/s2) * sum(target(:))/s;
56
57  end
58  [ maxvalue , th ] = max( H_sum ) ;
59  fprintf ( 'The threshold value i s % d. \n', th) ;
60
61  hold on
62  plot ( [ th th ] , [ 0 ,max( hist ) ] ,':','linewidth', 3 ) ;
63  text ( th ,max( hist ) , [ 'Threshold =' num2str( th) ] )
64
65  if ( nargout = = 2)
66      segresult = I>th ;
67      figure , imshow ( segresult )
68      colormap( gray)
69      title ( 'Segment result' )
70  end
```

第 20 章　最大熵谱估计

20.1　基本原理

在信号处理中,为描述信号特性,发掘信号中的有用信息,常常需要求出信号的功率谱,于是如何可靠地求出功率谱是信号处理的一个重要内容。传统的谱估计方法(如相关函数法、周期图法等)都是以傅里叶变换为基础的,又被称为线性谱估计法。对于平稳随机信号,功率谱为无限时域的自相关函数的傅里叶变换,但在实际中,自相关函数只能由测量得到的有限个数据表示,于是根据其估计出的功率谱是真实功率谱和方波函数的功率谱的卷积。此外,由于实际中的信号是有限的,所以线性谱估计的频谱分辨力会受到限制。而最大熵谱估计这一非线性谱估计方法可以突破线性谱估计的瑞利界限,提高频谱分辨能力。

熵是描述一个体系不确定性大小的量度,在随机过程中它可以用来衡量一个过程的随机性的强弱,随机性越强,则其熵越大。最大熵谱分析的基本思想是对所测量的有限数据以外的数据不作任何确定性的假设,在满足序列最大熵的前提下将一段已知的自相关函数序列进行外推,从而加大数据长度,提高功率谱估计精度。

假设 $X(t)$ 是带宽为 W 的高斯信源,其功率谱为 $S_X(f)$,那么该信源的熵率为

$$H(Y) = \frac{1}{2}\log(2\pi e) + \frac{1}{4W}\int_{-W}^{W}\log S_X(f)\mathrm{d}f \tag{20.1}$$

那么只要给定功率谱,就可以确定该高斯信源的熵率,同样,给定熵率,也可以求得达到这一熵率的高斯信源的功率谱。

假设 $x(1)$, $x(2)\cdots$, $x(N)$ 是随机序列 $X_1 X_2 \cdots X_N$ 的一个样本,那么我们可以计算出这一样本的自相关函数序列 $R(k)$, $-p \leqslant k \leqslant p$。由于自相关函数与功率谱构成傅里叶变换对,所以有

$$R(k) = \int_{-W}^{W} S(f)\exp\{j2\pi fkT\}\mathrm{d}f \tag{20.2}$$

要使该信源的熵率最大,则须在自相关函数的约束下,求得使熵率达到最大的功率谱 $S(f)$,即:

$$\max_{R(k)}\{\frac{1}{2}\log(2\pi e) + \frac{1}{4W}\int_{-W}^{W}\log S(f)\mathrm{d}f\} \tag{20.3}$$

构建拉格朗日函数

$$J(S(f)) = \frac{1}{2}\log(2\pi e) + \frac{1}{4W}\int_{-W}^{W}\log S(f)\mathrm{d}f - \sum_{k=-p}^{p}\lambda_k\int_{-W}^{W}S(f)\exp\{j2\pi fkT\}\mathrm{d}f \tag{20.4}$$

令

$$\frac{\partial J(S(f))}{\partial S(f)} = 0 \tag{20.5}$$

可以得到最大熵功率谱为

$$S(f) = \frac{1}{\sum_{k=-p}^{p} \lambda_k \exp\{j2\pi fkT\}} = \frac{\sigma^2}{\mid 1 + \sum_{k=1}^{p} a_k \exp\{-j2\pi fkT\} \mid^2} \tag{20.6}$$

其中，

$$x(n) = -\sum_{k=1}^{p} a_k x(n-i) + z_i \qquad z_i \sim N(0, \sigma^2)$$

$$R(0) = \sum_{k=1}^{p} a_k R(-k) + \sigma^2 \tag{20.7}$$

$$R(i) = \sum_{k=1}^{p} a_k R(i-k) \qquad i = 1, 2, \cdots, p$$

所以，最大熵谱估计方法与 p 阶 AR 模型谱估计方法等效。AR 模型的阶数 p 需选择恰当，才能使谱估计较准确。阶数过低，功率谱太平滑，反映不出谱峰；阶数过高则可能会产生虚假谱峰。通常采用最终预测误差准则或信息论准则确定最优阶数。

最终预测误差准则：

$$FPE(p) = \sigma^2(p) \frac{N+(p+1)}{N-(p+1)} \tag{20.8}$$

信息论准则：

$$AIC(p) = N\ln(\sigma^2(p)) + 2p \tag{20.9}$$

最小预测误差功率 $\sigma^2(p)$ 随着 p 的增大逐渐减小，所以 $FPE(p)$ 和 $AIC(p)$ 存在最小值，使得其取最小值的 p 为最优阶数[19]。

而 $\sigma^2, a_1, a_2, \cdots, a_p$ 等参数可以通过求解 Yule-Walker 方程得到，方程如下：

$$\begin{bmatrix} R(0) & R(1) & \cdots & R(p) \\ R(1) & R(0) & \cdots & R(p-1) \\ \vdots & \vdots & \cdots & \vdots \\ R(p) & R(p-1) & \cdots & R(0) \end{bmatrix} \begin{bmatrix} 1 \\ a_1 \\ \vdots \\ a_p \end{bmatrix} = \begin{bmatrix} \sigma^2 \\ 0 \\ \vdots \\ 0 \end{bmatrix} \tag{20.10}$$

通过滑窗可以计算得到自相关函数序列 $R(k)$，从而求解方程。但是在实际应用中，这种求解方法受限于信号序列的长度，如果序列长度太短，自相关函数序列容易存在较大误差，所以这种方法在实际应用中并不常用。实际中常用 Burg 递推算法求解系数。Burg 算法不需要估计自相关函数，它的基本思想是使前、后向预测误差平均功率最小，不直接估计参数，而是先估计反射系数 K_m，再求得相关参数，从而求得功率谱[20]。

定义 p 阶前向预测和后向预测准则分别为

$$\hat{x}(n) = -\sum_{k=1}^{p} a_k x(n-k) \qquad n \geqslant p$$

$$\hat{x}(n) = -\sum_{k=1}^{p} a_k^* x(n+k) \qquad n \leqslant N-p-1 \tag{20.11}$$

则前向预测误差和后向预测误差分别为

$$f(n) = x(n) - \hat{x}(n) = \sum_{k=0}^{p} a_k x(n-k)$$

$$g(n) = x(n-p) - \hat{x}(n-p) = \sum_{k=0}^{p} a_k^* x(n-p+k) \tag{20.12}$$

其中，$a_0=1$。

由式(20.12)可以得到，前、后预测误差的阶数递推公式为

$$f_p(n)=f_{p-1}(n)+K_p g_{p-1}(n-1)$$
$$g_p(n)=K_p^* f_{p-1}(n)+g_{p-1}(n-1) \tag{20.13}$$

定义 p 阶前、后向预测误差的平均功率为

$$\sigma_p^2=\frac{1}{2}\sum_{n=p}^N [\mid f_p(n)\mid^2+\mid g_p(n)\mid^2] \tag{20.14}$$

将式(20.13)代入式(20.14)，并且令 $\frac{\partial \sigma_p^2}{\partial K_p}$，可得

$$K_p=\frac{-\sum_{n=p+1}^N f_{p-1}(n)g_{p-1}^*(n-1)}{\frac{1}{2}\sum_{n=p+1}^N [\mid f_{p-1}(n)\mid^2+\mid g_{p-1}(n-1)\mid^2]} \tag{20.15}$$

Burg 算法的具体实现步骤如下[21]：

(1) 计算预测误差功率的初始值和前、后向预测误差的初始值，并假设 $p=1$。

$$\sigma_0^2=\frac{1}{N}\sum_{n=1}^N \mid x(n)\mid^2$$
$$f_0(n)=g_0(n)=x(n) \tag{20.16}$$

(2) 求反射系数

$$K_p=\frac{-\sum_{n=p+1}^N f_{p-1}(n)g_{p-1}^*(n-1)}{\frac{1}{2}\sum_{n=p+1}^N [\mid f_{p-1}(n)\mid^2+\mid g_{p-1}(n-1)\mid^2]} \tag{20.17}$$

(3) 计算前向预测滤波器系数

$$a_p(i)=a_{p-1}(i)+K_p a_{p-1}^*(p-i)\qquad i=1,\cdots,p-1$$
$$a_p(p)=K_p \tag{20.18}$$

(4) 计算预测误差功率

$$\sigma_p^2=(1-\mid K_p\mid^2)\sigma_{p-1}^2 \tag{20.19}$$

(5) 计算滤波器输出

$$f_p(n)=f_{p-1}(n)+K_p g_{p-1}(n-1)$$
$$g_p(n)=K_p^* f_{p-1}(n)+g_{p-1}(n-1) \tag{20.20}$$

(6) 令 $p\leftarrow p+1$，重复步骤 2 至步骤 5，直至所需要的阶数为止。

利用所需要的阶数的参数结果，就可以确定该信号的功率谱。

20.2 实验说明

20.2.1 实验目的

(1) 掌握最大熵谱估计的基本思想；

(2) 掌握 Burg 算法的原理及实现步骤。

20.2.2　实验内容

（1）编制 Burg 算法函数；
（2）编程实现对某一信号的功率谱估计；
（3）编程实现不同阶数的谱估计结果。

20.2.3　基本要求

编制 Burg 算法的函数，利用 Burg 函数对某一限时信号进行功率谱估计，判断结果是否正确；设定不同阶数，利用 Burg 函数对同一信号进行谱估计，比较不同阶数下得到的功率谱。

20.2.4　实验步骤

（1）程序准备：

- 根据 Burg 算法实现步骤编写 Burg 算法函数；
- 编写构造信号的程序；
- 编写主函数，调用 Burg 算法函数，对指定信号进行谱估计。

（2）构造信号 $x = \sin(0.4\pi t) + \sin(0.44\pi t)$，设定不同阶数，调用 Burg 算法函数，对该信号进行谱估计，对比分析不同阶数得到的谱估计结果。运行结果如图 20.1 所示。可以看出，当设置阶数 $p = 5$ 时，谱估计较为准确。

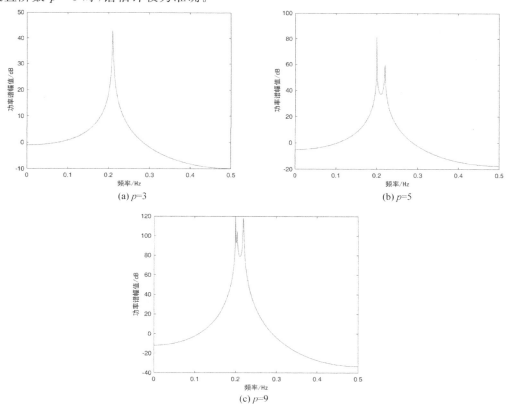

图 20.1　不同阶数的最大熵谱估计结果

20.2.5 参考代码

```matlab
clear ; clc ;

N = 256;
p = 5 ;
f1 = 0.2 ;
f2 = 0.22 ;
f3 = 0.27 ;
n = 1 : N ;
xn = sin (2 * pi * f1 * n) + sin (2 * pi * f2 * n) + 0 * randn( size ( n ) ) ;

% Calculate l inear prediction coefficient s
[ a_p ] = p_burg ( xn , p) ;

% Calculate the power spectrum
f = 0 : 0 . 001 : 0 . 5 ;
for i_f = 1 : length ( f )
    Sf_de = 1 + a_p * exp(- 2 * 1i * pi * f( i_f ) . * ( 1 : p )') ;
    Sf ( 1 , i_f ) = 1 / ( abs( Sf_de ) )^2 ;
end

figure ;
plot ( n , real ( xn) ) ;
xlabel ( native2unicode ([202  177  188  228  47  115]),'FontName','FixedWidth') ;
ylabel ( native2unicode ([183  249  181]) ,'FontName','FixedWidth') ;

figure ;
plot ( f,10 * log10 ( Sf) ) ;
xlabel ( native2unicode ([198  181  194  202  47  72  122]) ,'FontName','FixedWidth') ;
ylabel ( native2unicode ([185  166  194  202  198  215  183  249  214  181  47  100  66]),...
        'FontName','FixedWidth') ;
```

```matlab
function [ a_p ] = p_burg ( xn , p)
N = length ( xn) ;

a = zeros ( p ) ;
P = zeros ( 1 , p ) ;
K = zeros ( 1 , p ) ;
ef = zeros ( p , N) ;
eb = zeros ( p , N) ;
```

```
10   ef_0 = xn ;
11   eb_0 = xn ;
12   P_0 = ( xn * xn' ) / N ;
13
14   % p = 1
15   k_1_mo = - 2 * ef_0 ( 2 : end) * eb_0 ( 1 : end - 1)';
16   k_1_de = ef_0 ( 2 : end) * ef_0 ( 2 : end)' + eb_0 ( 1 : end - 1) * eb_0 ( 1 : end - 1)';
17   K(1) = k_1_mo/k_1_de ;
18   a ( 1 , 1 ) = K(1) ;
19   P(1) = P_0 * (1 - K(1) * conj ( K(1) ) ) ;
20   ef ( 1 , : ) = ef_0 + K(1) * [ 0 , eb_0 ( 1 : N - 1) ] ;
21   eb ( 1 , : ) = conj ( K(1) ) * ef_0 + [ 0 , eb_0 ( 1 : N - 1) ] ;
22
23   for i_p = 2 : p
24       k_i_mo = - 2 * ef( i_p - 1,i_p + 1:end) * eb( i_p - 1,i_p : end - 1)';
25       k_i_de = ef( i_p - 1,i_p + 1:end) * ef( i_p - 1,i_p + 1:end)' + eb( i_p - 1,i_p : end - 1) *
eb( i_p - 1,i_p : end - 1)';
26       K( i_p ) = k_i_mo/k_i_de ;
27
28       for j = 1 : i_p - 1
29           a( i_p , j) = a( i_p - 1,j) + K( i_p ) * conj ( a( i_p - 1,i_p - j) ) ;
30       end
31       a( i_p , i_p ) = K( i_p ) ;
32
33       P( i_p ) = (1 - K( i_p ) * conj ( K( i_p ) ) ) * P( i_p - 1);
34
35       ef( i_p , : ) = ef( i_p - 1 ,:) + K( i_p ) * [ 0 , eb( i_p - 1 ,1:N - 1) ] ;
36       eb( i_p , : ) = conj ( K( i_p ) ) * ef( i_p - 1 ,:) + [ 0 , eb( i_p - 1 ,1:N - 1) ] ;
37   end
38
39   a_p = a( p , : ) ;
40
41   end
```

参 考 文 献

[1] Chen Jie, Sun Bing, Yu Ze, Zhou Yinqing. *Fundamentals of Information Theory*. 北京航空航天大学出版社, 2016.

[2] 朱春华. 信息论与编码技术(MATLAB 实现). 清华大学出版社, 2018.

[3] 李梅, 李亦农. 信息论基础教程习题解答与实验指导. 北京邮电大学出版社, 2011.

[4] 周荫清. 信息理论基础(第 5 版). 北京航空航天大学出版社, 2020.

[5] 香农说, 要有熵, 信息时代由此开启. https://baike.baidu.com/tashuo/browse/content? id=6774351af28753499b3356c0&lemmaId=19190273&fromLemmaModule=pcBottom/ Accessed July 15, 2020.

[6] 冯志伟. 汉字的极限熵. 中文信息, (2):53-56, 1996.

[7] 孙帆, 孙茂松. 基于统计的汉字极限熵估测. 中国中文信息学会二十五周年学术会议论文集, 2006.

[8] 石贵青, 徐秉铮. 汉字字频分布、最佳编码与输入问题. 电子学报, (4):96-98, 1984.

[9] 李梅, 李亦农, 王玉皞. 信息论基础教程. 北京邮电大学出版社, 2015.

[10] 朱雪龙. 应用信息论基础. 清华大学出版社, 2001.

[11] 孙兵, 魏怡琳, 李景文, 陈杰. 极简信道编码的案例式教学方法研究. 电气电子教学学报, 42(6):100－103＋143, 2020.

[12] Dheeru Dua and Casey Graff. UCI machine learning repository. http://archive.ics.uci.edu/ml/datasets/Car＋Evaluation University of Cali-fornia, Irvine, School of Information and Computer Sciences.

[13] 孙志军, 薛磊, 许阳明, 王正. 深度学习研究综述. 计算机应用研究, 29(008):2806-2810, 2012.

[14] Ian Goodfellow, Yoshua Bengio, and Aaron Courville. *Deep Learning*. The MIT Press, 2016.

[15] Y. LeCun, L. Bottou, Y. Bengio, and P. Haffner. Gradient-based learning applied to document recognition. *Proceedings of the IEEE*, 86 (11): 2278-2324, November 1998.

[16] R. B. Palm. Prediction as a candidate for learning deep hierarchical models of data. Master's thesis, *Technical university of denmark*, 2012.

[17] 段崇雯, 侯臣平. 一种基于二值化和亚采样的文本图像压缩方法. 计算机应用, 25(1):93-95, 2005.

[18] 周荫清. 随机过程理论. 电子工业出版社, 2006.

[19] 杨金龙, 张光南, 厉树忠, 田野, 王全来. 基于二维直方图的图像分割算法研究. 激光与红外, 038(4):400-403, 2008.

[20] 吴一全, 潘喆, 吴文怡. 二维直方图区域斜分的最大熵阈值分割算法. 模式识别与人工

智能,(01):164-170,2009.

[21] 何子述. 现代数字信号处理及其应用. 清华大学出版社,2009.

[22] 胡文广. 大地电磁测深张量阻抗最大熵谱法估计研究. 长江大学,2012.

[23] 张文泉,李彦斌. 最大熵谱估计及应用研究. 现代电力,18(1):41-46,2001.

后 记

　　本实验教程结合北京航空航天大学本科"信息论基础"课程数十年的理论教学经验以及近十年学生研讨教学经验,总结了一批基础性仿真验证实验和综合应用实验,希望能够较好地满足同学们利用仿真工具开展数值实验,从而验证和分析信息理论基本概念、重要性质等,加深对信息论相关知识的理解,并提高学习兴趣,重视理论与实践的结合。

　　本实验教程的编写以及相关配套程序的编写,吸纳了之前教学过程中部分同学的建议和工作,并在此基础上进行了整理,在此为帮助本手册成稿的老师和同学表示感谢。

作　者
2021 年 7 月